誰でも作れる
ンスのいい
ワポ

PowerPoint デザインテクニック

しらき@パワポ図解
白木久弥子

エムディエヌコーポレーション

誰でもかんたんにセンスのよいパワポを作れるようにする

みなさんは、仕事や学校でパワポやプレゼン資料を作らないといけないときに「苦手だな…」と思いますか？　それとも「よし、気合を入れて作ろう！」と思うでしょうか。

この本は、パワポが苦手な人でもかんたんにデザインを上手くまとめるコツがわかるように作りました。もちろん、私のようにパワポを作る時間が楽しくてたまらない人が、色々なスライドデザインのバリエーションを見つけたいときにも参考になると思います。

パワポクリエイターとして企業パワポを制作したり、Twitter でパワポ図解を発信したりするときに「パワポってこんなにお洒落に作れるんですね」という声を頂くことがあります。まだまだパワポは資料作成のツールと思われていますが、バージョンアップの度に表現の幅が増えてきて、いまではもっとも身近にあるデザインツールといってもよいくらい、さまざまなデザインを作ることができます。

この本は、自分がパワポスライドをデザインするときの手順を、そのまま再現できるような構成にしています。まず Chapter1 ではパワポを作り始める前に知っておいてほしい、デザインの基本的な考え方をまとめています。次に Chapter2 ～ 9 では、①作りたいスライドのテーマからデザインコンセプトを考える、②パワポの多くの部分を占める文字デザインを考える、③各スライドの情報を上手く伝える図解やイメージを使った表現を考える、という 3 つのステップでパワポデザインの作り方を詳細に説明しています。最後に Chapter10 では、センスのよいパワポを作る際に、デザイン以上に重要となる理論構成の作り方をまとめました。

デザインと構成が美しくまとまったセンスのよいパワポを作ることができれば、プレゼン力も飛躍的にアップし、まわりの人に協力してもらいやすい環境を自分で創り出せるようになります。この本をきっかけとして、パワポ作りがさらに楽しくなり、デザイン思考を身につけて自分の人生を思い通りにデザインできる人が増えてくれたら、とてもうれしい限りです。

2022 年 12 月
白木久弥子

CONTENTS

本書の使い方

本書は、PowerPoint を使用して、プレゼンテーション資料（スライド）を作成するノウハウを解説したものです。全 10 章構成で、魅力的なプレゼンテーション資料を仕上げるためのテクニックや、ビジネスシーンで活用できるデザインとプレゼンの考え方を伝える内容となっています。
本書の構成は以下のとおりです。

本書の紙面構成

①テーマタイトル

冒頭に、章・節の番号と作成するスライドや解説内容のテーマタイトルを掲載しています。

②スライド完成図

作成編（Chapter2 ～ 9）では、各節で作成するスライドの最終形を示しています。

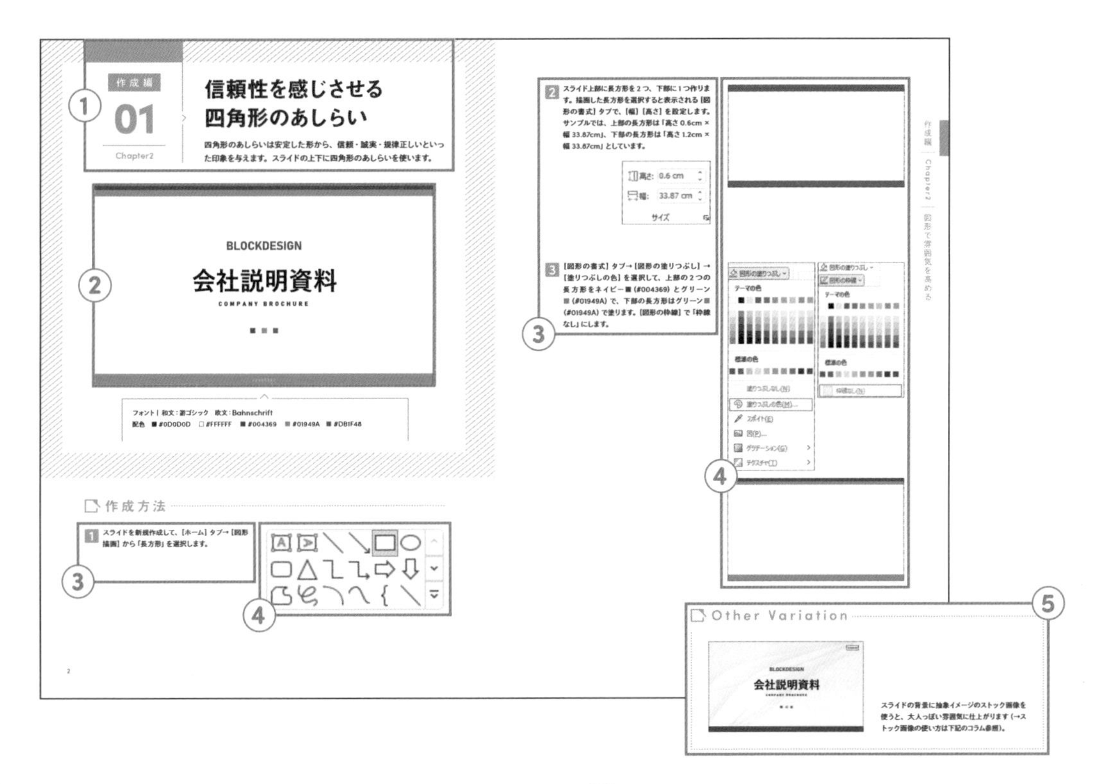

③作成方法

PowerPoint を使ったスライドの作成手順を番号付きで解説しています。

④図版

各手順の解説内容に応じて、PowerPoint の操作画面やスライドの作成過程を画像で掲載しています。

⑤Other Variation

作成編（Chapter2 ～ 9）では、各節で作成するスライドにひと工夫加えるとできるバリエーション例を取り上げています。各節の最後に囲みとして紹介しています。

注意事項

※本書では Microsoft 365 の PowerPoint を Windows 11 で使用した場合の画面や操作方法を基本として解説しています。
※本書に掲載しているスライドや操作画面の画像は、紙面用にカラーモードなどを変換・加工しています。そのため、スライドを PowerPoint で開いた際の表示と紙面とでは色調が異なる場合があります。

本書のダウンロードデータ

本書の作成編（Chapter2 ～ 9）の解説で使用しているPowerPointファイルなどは、下記のURLからダウンロードしていただけます。

ダウンロードURL

https://books.mdn.co.jp/down/3222303031/

注意事項

・弊社Webサイトからダウンロードできるサンプルデータは、本書の解説内容をご理解いただくために、ご自身で試される場合にのみ使用できる参照用データです。その他の用途での使用や配布などは一切できませんので、あらかじめご了承ください。
・弊社Webサイトからダウンロードできるサンプルデータの著作権は、それぞれの制作者に帰属します。
・弊社Webサイトからダウンロードできるサンプルデータを実行した結果については、著者および株式会社エムディエヌコーポレーションは一切の責任を負いかねます。お客様の責任においてご利用ください。
・本書に掲載されているPowerPointのスライドや操作画面は、紙面掲載用として加工していることがあります。ダウンロードしたサンプルデータとは異なる場合がありますので、あらかじめご了承ください。
・スライド内で使用されている一部の画像（写真、イラストなど）や、外部のテンプレートデータを利用して作成しているスライドデータは、ダウンロードデータに含まれておりません。あらかじめご了承ください。

準備編

Chapter

ビジネスシーンで役立つ デザインの基本

PowerPoint では、意味を伝える「機能」と聴衆を魅了する「魅力」が重要です。機能的なデザインのための「デザイン 4 原則」と、魅力的なデザインのための「デザインコンセプト」から覚えましょう。

準備編

01

Chapter1

PowerPointの画面構成

まずはじめに、PowerPointの基本的な画面構成と、本書でよく使うツールを紹介します。

❶ タブ

左から［ファイル］［ホーム］［挿入］［描画］［デザイン］など、機能ごとにまとめられています。タブをクリックして表示を切り替えるエリアです。

❷ リボン

このエリアでは、選択したタブごとに利用できる機能がボタンで表示されます。

❸ サムネイル

現在開いているPowerPointファイルがページ順にサムネイル（小さな画像）で表示されるエリアです。

❹ スライド

現在作業中のスライドが表示されるエリアです。

❺ ステータスバー

スライドの表示形式を選択したり、表示サイズを調整したりするエリアです。

注意事項

本書ではMicrosoft 365のPowerPointをWindows 11で使用した場合の画面や操作方法を基本として解説しています。本書に記載されている情報は2022年12月時点の情報です。

デザインアイデアを非表示にする

スライドの作成に入る前に、作業効率を高めるための設定をいくつか行っておきましょう。
まず、スライド作成中のノイズを減らすため、「デザインアイデア」機能を非表示に設定します。この機能は、スライドに文字や画像を挿入すると、それに合わせたデザインを自動的に提案・生成してくれるものです。Chapter2（→ P.27 参照）以降、本書で解説するスライドを作成するうえでは邪魔になってしまうため、表示されない設定にしておきます。設定手順は次のとおりです。

1 [ファイル] タブをクリックします。

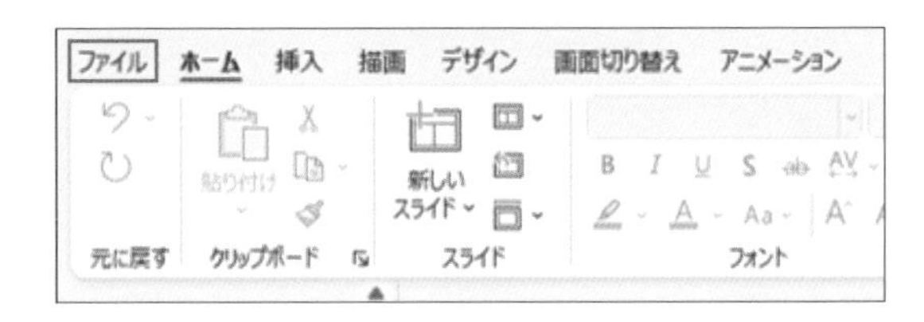

2 右の画面に切り替わります。画面左下の［オプション］をクリックして、「PowerPoint のオプション」画面を表示します。

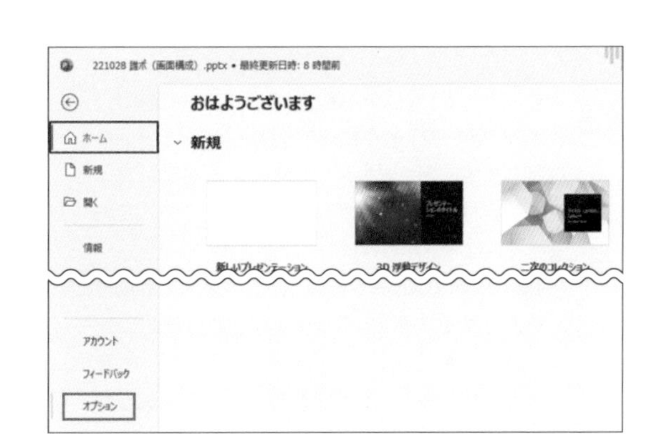

3 画面左のメニューで［全般］をクリックします。［PowerPoint デザイナー］にある「デザインアイデアを自動的に表示する」のチェックを外し、［OK］をクリックします。これで「デザインアイデア」が表示されなくなります。

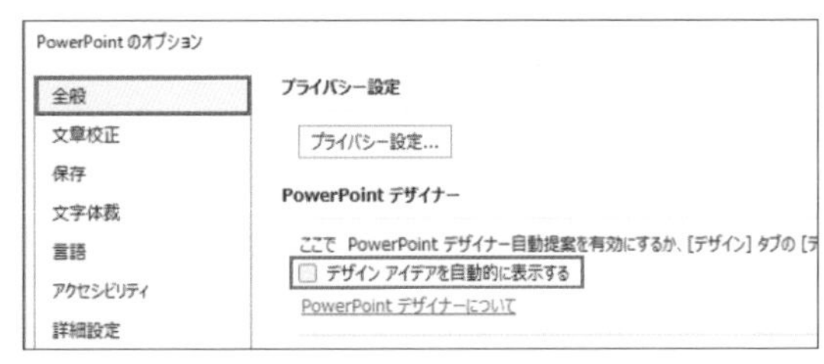

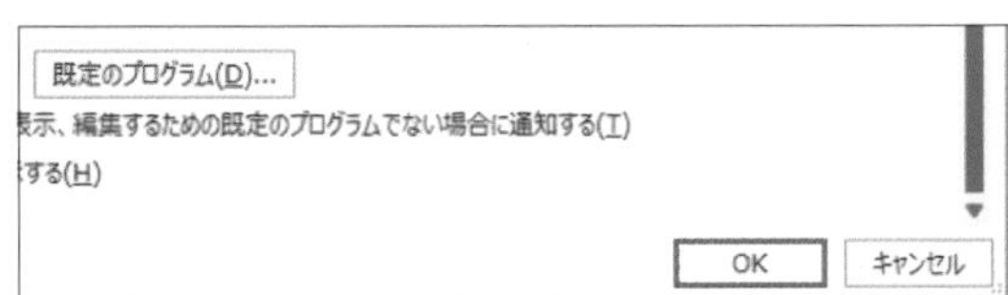

スライドを新規作成する

デザインアイデアを非表示に設定できたら、さっそくスライドを作成しましょう。ただ、一般的な方法でスライドを新規作成すると、余計な要素が表示されてしまいます。以下の手順で、余計な要素が表示されていない白紙のスライドを作成しましょう。

1 PowerPoint を起動し、[新規] → [新しいプレゼンテーション] をクリックします。タイトルや見出しのテキストボックスが用意されたスライドが表示されます。

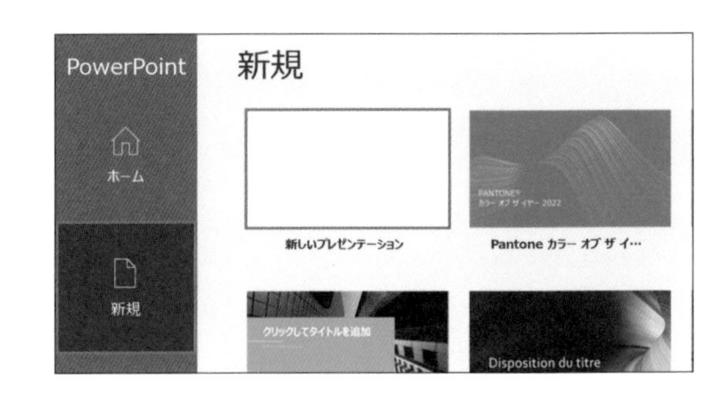

2 次に、[ホーム] タブ→ [新しいスライド] を選択し、[Office テーマ] の中にある [白紙] のスライドを選択します。デフォルトでは何も要素がない真っさらな状態のスライドが作成されますので、これをベースにイチから作成していきます。
[白紙] 以外のスライドを選ぶと、タイトルや見出しを入力するテキストボックスなどが自動的に用意された状態のスライドが作成されますが、本書のスライドを作るうえでは邪魔になってしまうため、[白紙] を選択してください。

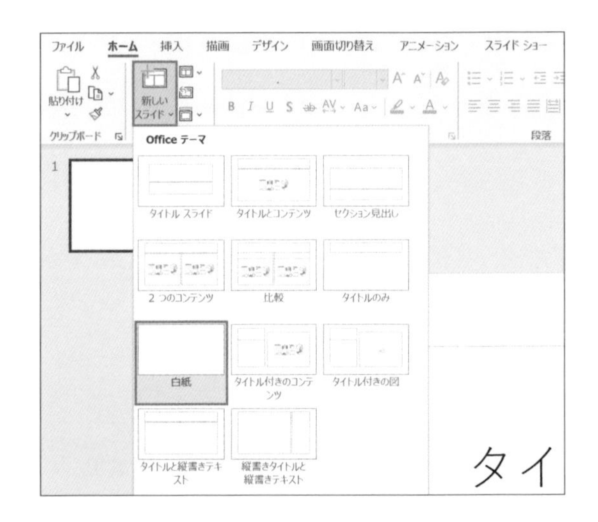

3 タイトルや見出しが表示されたスライドは使わないため、スライドを右クリックし、[スライドの削除] をクリックして削除しておきましょう。
ここまでできたら、本書の作例を見ながらデザインを作っていきましょう。

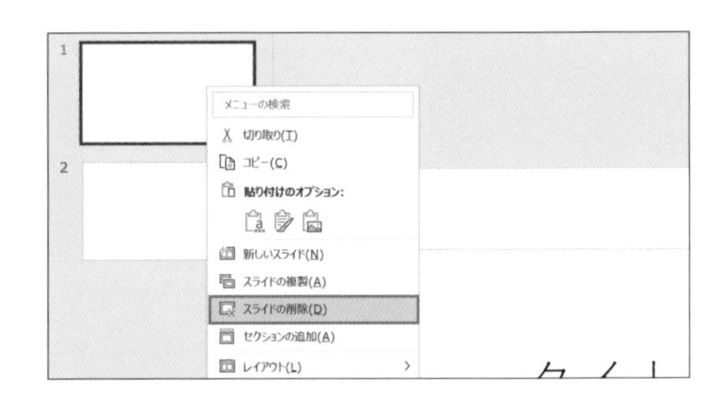

準備編

02

Chapter1

デザイン4原則①：情報の強調

要素が類似するのを避けるため、異なる要素にははっきりした見た目の違いを付け、情報の優先順位をわかりやすくしましょう。

強調によって文章の構造をわかりやすくする

PowerPointに限らず文章を作成する場合は、タイトル・見出し・本文などの要素の階層ごとに強調したり、要素によって強弱を付けたりすることで、文章の構造をひと目でわかるようにします。
そのためには、まず書きたいことを整理して箇条書きにするとよいでしょう。要素に応じた強調がされていない文章は、タイトル・見出し・本文などの階層がわかりづらく、個々の意味も把握しづらいものになります。
ここから、強調の具体的な表現例を見ていきましょう。

強調①：フォントのウェイトを変える

フォントの太さをウェイトと呼びますが、このウェイトを変えることで、フォントを強調したり、逆に目立たなくしたりすることができます。基本的には各フォントに、通常の「Regular」のほか、細めの「Light」と太めの「Bold」のウェイトがあり、用途に応じて使い分けられるようになっています。では、タイトル・見出しを「Bold」にして強調してみましょう。以下のように、文章にメリハリが出ます。

強調なし

デザイン4原則とは

強調

パワポ要素(文字・図解・イメージ)同士が類似するのを避けるために、異なる要素をはっきりと異ならせることをいいます。優先度の高い情報を強調することで聴衆にとって分かりやすいスライドをつくり、情報をより明確に伝えることができます。

反復

デザインの視覚的要素をスライド全体を通じて繰り返すことです。色、形、テクスチャー、位置関係、線の太さ、フォント、サイズ、画像のコンセプトについてルールを定めて反復させることで、パワポ全体のまとまりや一体感を生み出します。

整列

パワポ要素について縦横の線を揃え、すべての要素がほかの要素と視覚的な関連をもつようなレイアウトを考えて意図的に配置することです。聴衆は、秩序に基づいて整列した情報を見て、機能的で洗練されていると感じます。

近接

互いに関連する要素を、近づけてグループ化することです。いくつかの要素が互いに近接している場合に、それらは複数の個別ユニットではなく、ひとつの視覚的ユニットとして認識されます。このグループ化により、情報を組織化して、明確な理論構造を聴衆に伝えることができます。

強調なし

強調(フォントウェイト)

デザイン4原則とは

強調

パワポ要素(文字・図解・イメージ)同士が類似するのを避けるために、異なる要素をはっきりと異ならせることをいいます。優先度の高い情報を強調することで聴衆にとって分かりやすいスライドをつくり、情報をより明確に伝えることができます。

反復

デザインの視覚的要素をスライド全体を通じて繰り返すことです。色、形、テクスチャー、位置関係、線の太さ、フォント、サイズ、画像のコンセプトについてルールを定めて反復させることで、パワポ全体のまとまりや一体感を生み出します。

整列

パワポ要素について縦横の線を揃え、すべての要素がほかの要素と視覚的な関連をもつようなレイアウトを考えて意図的に配置することです。聴衆は、秩序に基づいて整列した情報を見て、機能的で洗練されていると感じます。

近接

互いに関連する要素を、近づけてグループ化することです。いくつかの要素が互いに近接している場合に、それらは複数の個別ユニットではなく、ひとつの視覚的ユニットとして認識されます。このグループ化により、情報を組織化して、明確な理論構造を聴衆に伝えることができます。

強調あり（フォントのウェイトを変更）

強調②：フォントサイズを変える

次は、タイトル・見出しのフォントサイズ（文字の大きさ）を大きくしてみましょう。元のスライドではすべて「18pt」でしたが、タイトルを「24pt」、見出しを「20pt」、本文を「18pt」に設定しています。フォントの大小の概念が組み込まれたことで、論理的な階層構造が明確になりました。

強調なし

デザイン4原則とは

強調

パワポ要素（文字・図解・イメージ）同士が類似するのを避けるために、異なる要素をはっきりと異ならせることをいいます。優先度の高い情報を強調することで聴衆にとって分かりやすいスライドをつくり、情報をより明確に伝えることができます。

反復

デザインの視覚的要素をスライド全体を通じて繰り返すことです。色、形、テクスチャー、位置関係、線の太さ、フォント、サイズ、画像のコンセプトについてルールを定めて反復させることで、パワポ全体のまとまりや一体感を生み出します。

整列

パワポ要素について縦横の線を揃え、すべての要素がほかの要素と視覚的な関連をもつようなレイアウトを考えて意図的に配置することです。聴衆は、秩序に基づいて整列した情報を見て、機能的で洗練されていると感じます。

近接

互いに関連する要素を、近づけてグループ化することです。いくつかの要素が互いに近接している場合に、それらは複数の個別ユニットではなく、ひとつの視覚的ユニットとして認識されます。このグループ化により、情報を組織化して、明確な理論構造を聴衆に伝えることができます。

強調なし

強調（フォントサイズ）

デザイン4原則とは

強調

パワポ要素（文字・図解・イメージ）同士が類似するのを避けるために、異なる要素をはっきりと異ならせることをいいます。優先度の高い情報を強調することで聴衆にとって分かりやすいスライドをつくり、情報をより明確に伝えることができます。

反復

デザインの視覚的要素をスライド全体を通じて繰り返すことです。色、形、テクスチャー、位置関係、線の太さ、フォント、サイズ、画像のコンセプトについてルールを定めて反復させることで、パワポ全体のまとまりや一体感を生み出します。

整列

パワポ要素について縦横の線を揃え、すべての要素がほかの要素と視覚的な関連をもつようなレイアウトを考えて意図的に配置することです。聴衆は、秩序に基づいて整列した情報を見て、機能的で洗練されていると感じます。

近接

互いに関連する要素を、近づけてグループ化することです。いくつかの要素が互いに近接している場合に、それらは複数の個別ユニットではなく、ひとつの視覚的ユニットとして認識されます。このグループ化により、情報を組織化して、明確な理論構造を聴衆に伝えることができます。

強調あり（フォントサイズを変更）

強調③：フォントカラーを変える

フォントカラー（文字の色）を変えて強調することもできます。下の例では、タイトルと見出しのフォントカラーをネイビーに変更しています。このように本文とそれ以外の要素を色分けすることで、内容がひと目でつかみやすくなります。

強調なし

デザイン4原則とは

強調

パワポ要素（文字・図解・イメージ）同士が類似するのを避けるために、異なる要素をはっきりと異ならせることをいいます。優先度の高い情報を強調することで聴衆にとって分かりやすいスライドをつくり、情報をより明確に伝えることができます。

反復

デザインの視覚的要素をスライド全体を通じて繰り返すことです。色、形、テクスチャー、位置関係、線の太さ、フォント、サイズ、画像のコンセプトについてルールを定めて反復させることで、パワポ全体のまとまりや一体感を生み出します。

整列

パワポ要素について縦横の線を揃え、すべての要素がほかの要素と視覚的な関連をもつようなレイアウトを考えて意図的に配置することです。聴衆は、秩序に基づいて整列した情報を見て、機能的で洗練されていると感じます。

近接

互いに関連する要素を、近づけてグループ化することです。いくつかの要素が互いに近接している場合に、それらは複数の個別ユニットではなく、ひとつの視覚的ユニットとして認識されます。このグループ化により、情報を組織化して、明確な理論構造を聴衆に伝えることができます。

強調なし

強調（フォントカラー）

デザイン4原則とは

強調

パワポ要素（文字・図解・イメージ）同士が類似するのを避けるために、異なる要素をはっきりと異ならせることをいいます。優先度の高い情報を強調することで聴衆にとって分かりやすいスライドをつくり、情報をより明確に伝えることができます。

反復

デザインの視覚的要素をスライド全体を通じて繰り返すことです。色、形、テクスチャー、位置関係、線の太さ、フォント、サイズ、画像のコンセプトについてルールを定めて反復させることで、パワポ全体のまとまりや一体感を生み出します。

整列

パワポ要素について縦横の線を揃え、すべての要素がほかの要素と視覚的な関連をもつようなレイアウトを考えて意図的に配置することです。聴衆は、秩序に基づいて整列した情報を見て、機能的で洗練されていると感じます。

近接

互いに関連する要素を、近づけてグループ化することです。いくつかの要素が互いに近接している場合に、それらは複数の個別ユニットではなく、ひとつの視覚的ユニットとして認識されます。このグループ化により、情報を組織化して、明確な理論構造を聴衆に伝えることができます。

強調あり（フォントカラーを変更）

強調④：フォントウェイト＋サイズ＋カラーで強調

タイトルと見出しの、フォントウェイト、フォントサイズ、フォントカラーのすべてを変えてみます。優先的に見るべき情報が一段と強調されて、より見やすく、よりわかりやすくなったのではないでしょうか。

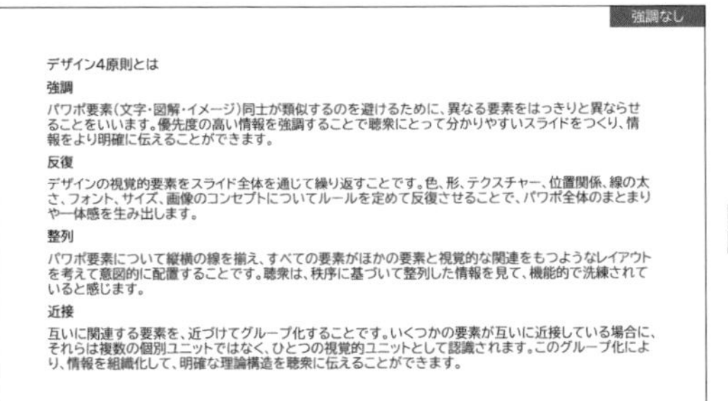

強調なし

強調(フォントウェイト＋サイズ＋カラー)
デザイン4原則とは
強調
パワポ要素(文字・図解・イメージ)同士が類似するのを避けるために、異なる要素をはっきりと異ならせることをいいます。優先度の高い情報を強調することで聴衆にとって分かりやすいスライドをつくり、情報をより明確に伝えることができます。
反復
デザインの視覚的要素をスライド全体を通じて繰り返すことです。色、形、テクスチャー、位置関係、線の太さ、フォント、サイズ、画像のコンセプトについてルールを定めて反復させることで、パワポ全体のまとまりや一体感を生み出します。
整列
パワポ要素について縦横の線を揃え、すべての要素がほかの要素と視覚的な関連をもつようなレイアウトを考えて意図的に配置することです。聴衆は、秩序に基づいて整列した情報を見て、機能的で洗練されていると感じます。
近接
互いに関連する要素を、近づけてグループ化することです。いくつかの要素が互いに近接している場合に、それらは複数の個別ユニットではなく、ひとつの視覚的ユニットとして認識されます。このグループ化により、情報を組織化して、明確な理論構造を聴衆に伝えることができます。

強調あり（フォントのウェイト、サイズ、カラーを変更）

強調⑤：強調＋余白を使う

文章を強調していない状態のスライドから、タイトル・見出し・本文のフォントサイズを変え、さらにそれぞれの行間を広げてレイアウトを調整してみます。
下の例では、タイトルのフォントサイズを「24pt」、位置を「文字列中央揃え」にして、見出しを「18pt」、本文を「14pt」にしました。
また、余白をうまく使って要素をグループ化することで、情報がより見やすくなります。余白とグループ化についてはP.24も参考にしてください。

強調なし
デザイン4原則とは
強調
パワポ要素(文字・図解・イメージ)同士が類似するのを避けるために、異なる要素をはっきりと異ならせることをいいます。優先度の高い情報を強調することで聴衆にとって分かりやすいスライドをつくり、情報をより明確に伝えることができます。
反復
デザインの視覚的要素をスライド全体を通じて繰り返すことです。色、形、テクスチャー、位置関係、線の太さ、フォント、サイズ、画像のコンセプトについてルールを定めて反復させることで、パワポ全体のまとまりや一体感を生み出します。
整列
パワポ要素について縦横の線を揃え、すべての要素がほかの要素と視覚的な関連をもつようなレイアウトを考えて意図的に配置することです。聴衆は、秩序に基づいて整列した情報を見て、機能的で洗練されていると感じます。
近接
互いに関連する要素を、近づけてグループ化することです。いくつかの要素が互いに近接している場合に、それらは複数の個別ユニットではなく、ひとつの視覚的ユニットとして認識されます。このグループ化により、情報を組織化して、明確な理論構造を聴衆に伝えることができます。

強調なし

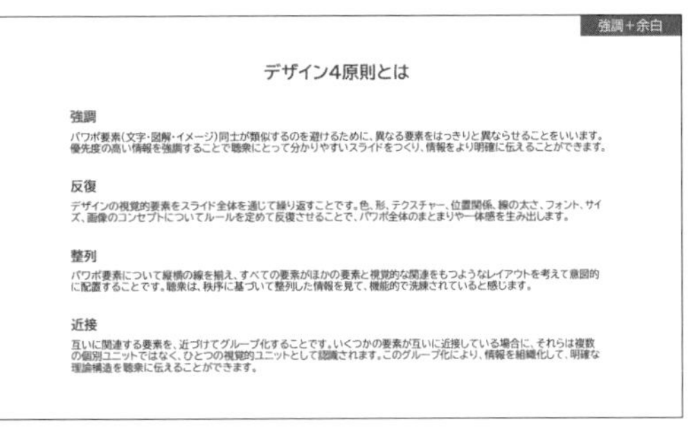

強調あり（フォントサイズの変更）＋余白の拡大

準備編

03

Chapter1

デザイン４原則②：デザインの反復

反復とは、デザインルールを決めて視覚的要素をくり返すことです。反復によって、全体の統一感を生み出すことができます。

デザインを反復して統一感を高める

PowerPoint ファイルは、複数枚のスライドから成り立っています。そのため、各スライドのデザインにこだわるだけでなく、全体の統一感にも気を配ってデザインしなければなりません。このときに重要になるのが、一定のデザインルールを各スライドにくり返して適用することです。特に、デザインを印象付けるあしらいにこうした反復を用いると、効果的に全体の統一感を高めることができます。

なお、デザインルールを決める前にスライドのサイズを決めておきましょう。スライドのサイズは実際に PowerPoint を使用する場面に合わせて決めますが、特に制限のない場合や、さまざまな場面で使用することが想定される場合は、16：9 に設定するとよいでしょう。なお、スライドのサイズは、［デザイン］タブ→［ユーザー設定］→［スライドのサイズ］から設定できます。

あしらいなし

デザイン4原則とは

01 情報の強調
パワポ要素(文字・図解・イメージ)同士が類似するのを避けるために、異なる要素をはっきりと異ならせることをいいます。優先度の高い情報を強調することで聴衆にとって分かりやすいスライドをつくり、情報をより明確に伝えることができます。

02 デザインの反復
デザインの視覚的要素をスライド全体を通じて繰り返すことです。色、形、テクスチャー、位置関係、線の太さ、フォント、サイズ、画像のコンセプトについてルールを定めて反復させることで、パワポ全体のまとまりや一体感を生み出します。

03 要素の整列
パワポ要素について縦横の線を揃え、すべての要素がほかの要素と視覚的な関連をもつようなレイアウトを考えて意図的に配置することです。聴衆は、秩序に基づいて整列した情報を見て、機能的で洗練されていると感じます。

04 要素の近接
互いに関連する要素を、近づけてグループ化することです。いくつかの要素が互いに近接している場合に、それらは複数の個別ユニットではなく、ひとつの視覚的ユニットとして認識されます。このグループ化により、情報を組織化して、明確な理論構造を聴衆に伝えることができます。

01 情報の強調

強調①:フォントウェイトで強調する
フォントウェイトで強調する際に一番簡単なのは、「Bold」にすることです。太字にすることで文章にメリハリを出し読みやすくすることができます。

強調②:フォントサイズで強調する
フォントサイズで強調する際は、タイトル・見出し・本文のジャンプ率を一定にするとうまくまとまります。重要度の高い文章のフォントサイズを大きくすることで注目すべき部分が分かりやすくなります。

強調③:フォントカラーで強調する
フォントカラーで強調すると、タイトルや見出しが一目で探しやすくなります。フォントカラーはメインカラーやアクセントカラーを使って、スライド全体のテーマカラーと調和するようにしましょう。

02 デザインの反復

反復①:図形を反復する
あしらいとして使いやすいのは、パワポの基本図形のうち「四角形・角丸四角形・正円・三角形・直線」です。ビジネスパワポを作る場合には、文字を入れる囲みとして使いやすく、誠実さや信頼性を表現できる四角形のあしらいが良く使われます。

反復②:配色を反復する
色数が増えるとバランスをとりづらくなるため、最初は必要最低限の色数に絞ってつくりましょう。パワポの配色はWebデザインで使われる「70:25:5の法則」を使うとまとまりやすくなります。

反復③:文字を反復する
ビジネスパワポでは互換性の高さと編集のしやすさを考えて、パワポの標準フォントを使いましょう。また、文字を強調したときの見やすさを考えて、RegularとBoldの2つ以上のウェイトが用意されているフォントを使うことがおすすめです。

上下に四角形のあしらいあり

反復①：図形を反復する

まずは伝えたいテーマをもとに、デザインのベースとなるあしらいを決めます。あしらいとして使いやすいのは、基本図形のうちの、四角形、角丸四角形、正円、三角形、直線です。中でもビジネス用 PowerPoint では、文字を入れる囲みとして使いやすく、誠実さや信頼性を表現できる四角形のあしらいがよく使われます。

02 デザインの反復

反復①:図形を反復する
あしらいとして使いやすいのは、パワポの基本図形のうち「四角形・角丸四角形・正円・三角形・直線」です。ビジネスパワポを作る場合には、文字を入れる囲みとして使いやすく、誠実さや信頼性を表現できる四角形のあしらいが良く使われます。

反復②:配色を反復する
色数が増えるとバランスをとりづらくなるため、最初は必要最低限の色数に絞ってつくりましょう。パワポの配色はWebデザインで使われる「70:25:5の法則」を使うとまとまりやすくなります。

反復③:文字を反復する
ビジネスパワポでは互換性の高さと編集のしやすさを考えて、パワポの標準フォントを使いましょう。また、文字を強調したときの見やすさを考えて、RegularとBoldの2つ以上のウェイトが用意されているフォントを使うことがおすすめです。

さまざまな四角形のあしらいの例

反復②：配色を反復する

次に、スライド全体に通じたテーマカラーを決めます。色数が増えるとバランスを取りづらくなるため、最初は必要最低限の色数に絞りましょう。
そしてPowerPointの配色では、Webデザインなどでも使われる「70：25：5の法則」を使うとまとまりやすくなります。これは、ベースカラー、メインカラー、アクセントカラーの配色比率を「70：25：5」にするというものです。はじめてビジネス用PowerPointを作る場合はこの法則に従い、モノトーンを中心にしたベースカラーを70%に、ロゴなどと相性のよいメインカラーを25%に、ポイントとなるアクセントカラーを5%にしてみましょう。ベースカラーの組み合わせにもいろいろなパターンがありますが、清潔感と視認性の高さを保つため、背景を白、文字色を濃いグレーで作るのが一般的です。

ベースカラー（モノトーン）とメインカラー（ネイビー／グリーン／オレンジ）の配色例

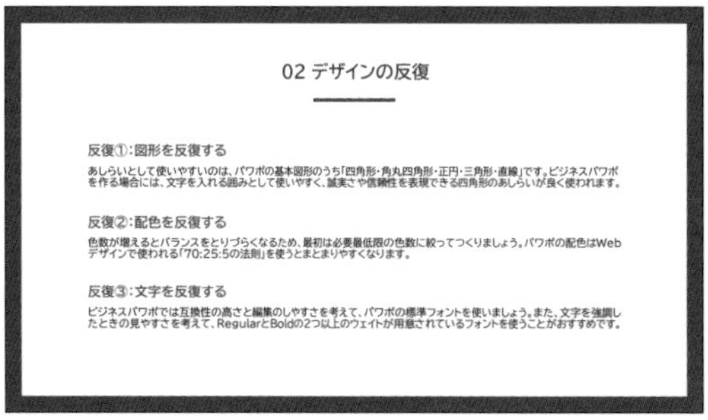

アクセントカラーなし

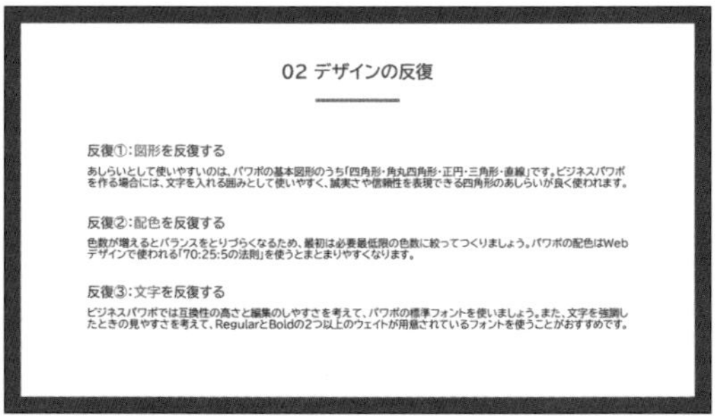

「70：25：5の法則」によるアクセントカラー（オレンジ）あり

反復③：文字を反復する

最後に、和文用・欧文用のフォントを１種類ずつ選びます。ビジネス用 PowerPoint では可読性の高いフォントが好まれるため、基本的には和文はゴシック体、欧文はサンセリフ体のフォントを使用します。また、互換性の高さと編集のしやすさを考えて、PowerPoint に最初から搭載されている標準フォントを使いましょう。文字を強調したときに見やすいように、標準フォントの中でも「Regular」と「Bold」など２つ以上のウェイトが用意されているものを使うことをおすすめします。ビジネス用 PowerPoint を作る場合によく使われる和文フォントとしては、「BIZ UDP ゴシック」「游ゴシック」「メイリオ」などがあります。欧文フォントには、「Bahnschrift」「Arial」「Segoe UI」などがあります。

BIZ UDP ゴシック+ Bahnschrift

游ゴシック+ Arial

メイリオ+ Segoe UI

PowerPoint を設定する

デザインルールが決まったら、PowerPoint のデザイン設定を変更します。図形、配色、文字を「スライドマスター」で設定したテンプレートを作成しておけば、反復しやすくなります。スライドマスターは、［表示］タブ→［マスター表示］→［スライドマスター］から設定できます。

そのほかに、よく使う図形や線を右クリックして［既定の図形（線）に設定］をクリックして既定に設定しておいたり、書式を使い回す際に［ホーム］タブ→［クリップボード］→［書式のコピー／貼り付け］を使ったりすると、スライド制作を効率的に行うことができます。

準備編

04

Chapter1

デザイン４原則③：要素の整列

整列とは、文字・図解・イメージの３要素の縦横を揃えることです。スッキリと整った見た目が、美しさとわかりやすさを高めます。

要素を整えて見た目を向上させる

プレゼンの聴き手は、秩序正しく整列したPowerPointを目にすると、美しくわかりやすい印象を感じます。そのためには、文字などの縦横のラインを揃えて整列させることが欠かせません。
文字を整列させる際は、各テキストボックスの文字数を同じ量に調整し、見出しや本文の文字を左揃えにします。縦横のラインを揃えたうえで、「文字の配置」「行間」「余白」などの設定も揃えると、さらに見た目が洗練されます。なお、これらの設定方法はChapter 2（→ P.27参照）以降の「作成編」で解説していきます。

文字量調整なし

文字量調整あり

見出しや本文の左揃えなし

見出しや本文の左揃えあり

図解やイメージを整える

整列させると効果的なのは、文字以外の要素も同様です。よくスライドに挿入される図解やイメージも、大きさや縦横のラインを揃えれば、見た目が美しくなるうえ、並列の関係がわかりやすくなります。なお、Shift キーを押しながら図形やイメージの周囲にある白丸をドラッグすると、縦横の比率を固定したままサイズを調整することができます。

我が家の新しい仲間たち

イメージの大きさが揃っていない例

我が家の新しい仲間たち

サイズ調整で大きさを揃えた例

我が家の新しい仲間たち

イメージの大きさが揃っていない例

我が家の新しい仲間たち

トリミングで大きさを揃えた例

文字や図形、イメージだけでなく、囲みやあしらいなども、縦横のラインをきっちりと揃えることで、バランスの取れたスライドに仕上げることができます。なお、PowerPoint で図形やイメージなどの要素をドラッグする際、縦横にスマートガイドと呼ばれる赤い補助線が表示されるので、これを頼りにすれば、ほかの要素と縦横のラインをかんたんに揃えられます。そのほかにもさまざまな配置機能が用意されているため、これらをうまく使いこなして、要素を美しく整列させましょう。なお、配置機能の使い方については、Chapter 2 (→ P.27 参照) 以降の「作成編」で解説していきます。

準備編

05

Chapter1

デザイン4原則④：要素の近接

近接とは、関連する要素を近づけてグループ化することです。こうして情報を組織化すれば、意味の構造がわかりやすくなります。

関連要素を近づけて意味を明確にする

イメージと文字などが関連している場合、それらの要素を近接させてグループ化すると、それだけで意味が明確になります。たとえば、スライドに人物などの複数のイメージを挿入し、それぞれのイメージにその名前を添える場合、イメージと名前が離れていると、関連性が不明確になってしまいます。イメージと名前が近接していれば、イメージに写っている人物がその名前であるのだとすぐにわかるでしょう。

イメージと文字が近接していない例

イメージと文字が近接している例

グループをわかりやすくするためには、関連しない要素同士の距離を取り、十分な余白を作る必要があります。ここで注意しなければならないのは、1枚のスライドに多くの情報を詰め込んでしまうと、要素間の余白が取りづらくなってしまうということです。そのため、情報量が多すぎる場合は、まず情報を絞り込むようにしましょう。

準備編

06

Chapter1

デザインコンセプト

「デザイン4原則」が理解できたら、最後に、聴衆をどのように魅了するかを考えて「デザインコンセプト」を作りましょう。

まず「誰をどのように動かしたいか」を考える

これまで確認してきた「デザイン4原則」は、機能的なデザインを高めるためのものです。しかしプレゼンでは、このような「機能」だけでなく、聴衆を魅了する「魅力」も欠かせません。プレゼンの目的は「人を動かす」ことにあります。「誰をどのように動かしたいか」ということから逆算してプレゼンのテーマを決め、①テーマをどのような色と形で表現するか、②情報をどのような要素（文字・図解・イメージ）でまとめるか、③聴衆を魅了するためにどのような工夫をするか、ということを考えていきます。

こうした工夫を凝らした例を以下に紹介します。そのほかの具体的なデザイン例や制作手順については、Chapter2（→ P.27 参照）以降の「作成編」で紹介していきます。

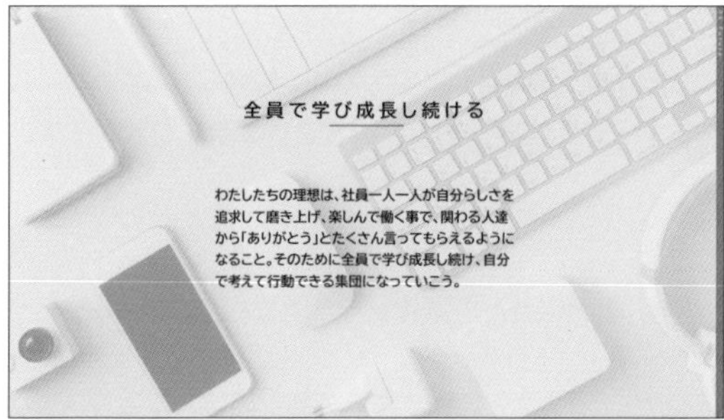

情報をさまざまな要素（文字・図解・イメージ）でまとめた例

Column 作業がはかどる！ 厳選ショートカットキー

ショートカットキーを使用すれば、作業効率が格段にアップします。「ショートカットキーを覚えるのは面倒……」などと感じている人も少なくないでしょうが、一度覚えてしまえば手放せなくなります。絶対に知っておいてほしい厳選ショートカットキーをまとめておきましたので、まずはこちらから覚えてみましょう。

Ctrl ＋ A キー → すべてを選択

表示上は見えにくくなっている要素もすべて選択してくれるので、意外と使えるショートカットキーです。

Ctrl ＋ C キー → コピー
Ctrl ＋ X キー → カット（切り取り）
Ctrl ＋ V キー → ペースト（貼り付け）

いわずと知れた、定番のショートカット3つです。コピー&ペースト（コピペ）は、複製元を残したまま貼り付けるもの。カット&ペーストは、複製元を切り取って貼り付けるものです。

Ctrl ＋ D キー → 複製

選択しているテキストボックスや図形を複製します。コピー&ペースト（複製元を残したまま貼り付け）が、一瞬でできる時短ショートカットキーです。

Ctrl ＋ G キー → グループ化
Shift ＋ Ctrl ＋ G キー → グループ解除

選択した複数の図形などを、1つのまとまりとして扱えるようになります。チャートの作成時には欠かせないショートカットキーです。

Shift ＋ Ctrl ＋ C キー → 書式のコピー
Shift ＋ Ctrl ＋ V キー → 書式の貼り付け

書式（フォントの種類、サイズ、カラーや、テキストボックス内の配置など）をコピーして、ほかの文字に貼り付けることができます。何度も同じ書式の設定を行う手間を省けます。

Ctrl ＋ Z キー → 元に戻す

時を戻せる奇跡のショートカットキー。直前に行った操作を取り消して、前の状態に戻せます。

なお、mac OSの場合は、Ctrl キーを ⌘ キーに置き換えると、同様のショートカットキーが有効になります。

●例）すべてを選択

Windows：Ctrl ＋ A キー
mac OS ：⌘ ＋ A キー

●例）書式のコピー

Windows：Shift ＋ Ctrl ＋ C キー
mac OS ：Shift ＋ ⌘ ＋ C キー

作成編

Chapter

図形で雰囲気を高める

PowerPoint の機能にある［図形］を取り入れ、洗練されたスライドを作成します。四角形や円を単体で使うだけでなく、組み合わせたり反復したりすると表現の幅が広がります。

作成編

01

Chapter2

信頼性を感じさせる四角形のあしらい

四角形のあしらいは安定した形から、信頼・誠実・規律正しいといった印象を与えます。スライドの上下に四角形のあしらいを使います。

BLOCKDESIGN

会社説明資料

COMPANY BROCHURE

20XX0222

フォント｜ 和文：游ゴシック　欧文：Bahnschrift

配色 ■ #0D0D0D □ #FFFFFF ■ #004369 ■ #01949A ■ #DB1F48

作成方法

1 スライドを新規作成して、［ホーム］タブ→［図形描画］から［正方形／長方形］を選択します。

2 スライド上部に長方形を２つ、下部に１つ作ります。描画した長方形を選択すると表示される［図形の書式］タブの［サイズ］で［高さ］［幅］を設定します。サンプルでは、上部の長方形は「高さ 0.6cm ×幅 33.87cm」、下部の長方形は「高さ 1.2cm ×幅 33.87cm」としています。

3 ［図形の書式］タブ→［図形のスタイル］→［図形の塗りつぶし］→［塗りつぶしの色］を選択して、上部の２つの長方形をネイビー■（#004369）とグリーン■（#01949A）で、下部の長方形はグリーン■（#01949A）で塗ります。［図形の枠線］で［枠線なし］にします。

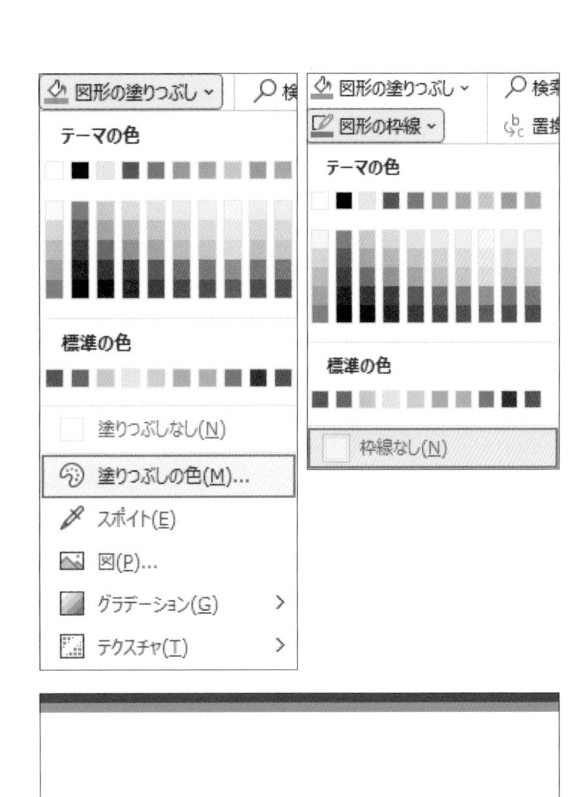

4 「#004369」のように、「#」で始まる6桁の数字・アルファベットで色を表すものをカラーコードと呼びます。カラーコードで色を設定するには、[図形の書式] タブ→ [図形のスタイル] → [図形の塗りつぶし] → [塗りつぶしの色] を選び、[Hex (H)] にカラーコードを入力して、[OK] をクリックします。

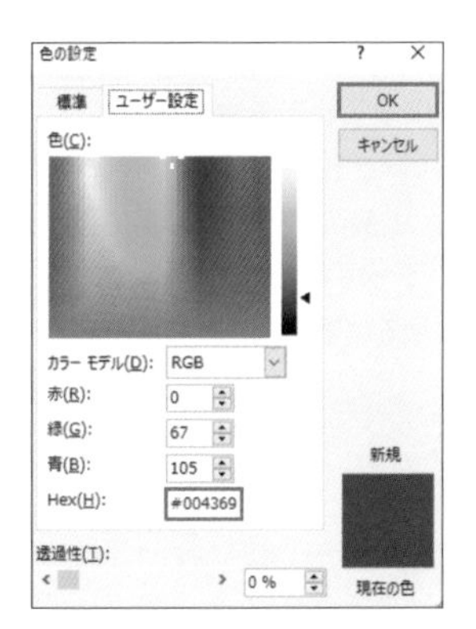

5 同様に、[ホーム] タブ→ [図形描画] から「正方形/長方形」を選び、小さい正方形 (高さ 0.5cm × 幅 0.5cm) を3つ作ります。それぞれネイビー■ (#004369)、グリーン■ (#01949A)、ピンク■ (#DB1F48) で塗ります。

6 3つの正方形を選択したまま、[図形の書式] タブ→ [配置] → [配置] → [左右に整列] と [上下中央揃え] をクリックし、等間隔に揃えます。さらに、Ctrl + G キーを同時に押してグループ化し、[図形の書式] タブ→ [配置] → [配置] → [左右中央揃え] で、3つのあしらいをスライドの真ん中に配置します。

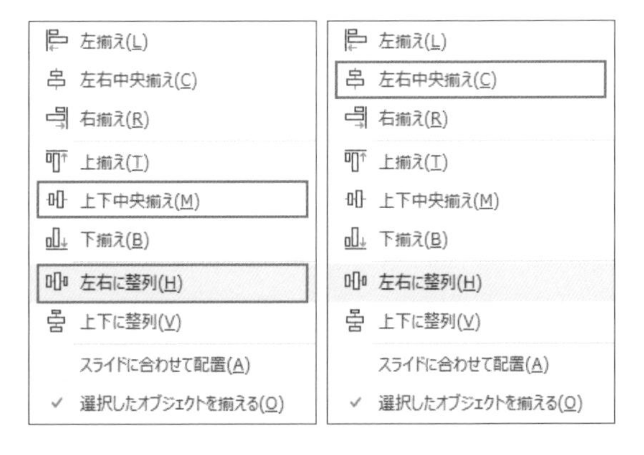

7 [ホーム] タブ→ [図形描画] から [テキストボックス] を選択してテキストボックスを作成します。

8 テキストボックスに会社名やタイトルを入力します。文字の色は、[ホーム] タブ→ [フォント] → [フォントの色] から設定できます。[図形の書式] タブ→ [配置] → [左右中央揃え] と [上下中央揃え] で、テキストボックスの位置を整えて完成です。

BLOCKDESIGN
会社説明資料
COMPANY BROCHURE

Other Variation

上下ではなく上側または下側だけのあしらいにすることで、スライド画面を広く使うことができます。余白が寂しい場合は企業ロゴや文字のあしらいを配置して、バランスを取りましょう。また、スライドの背景に抽象イメージのストック画像を使うと、大人っぽい雰囲気に仕上がります（→ストック画像の使い方は下記の Column 参照）。

Column ストック画像の使い方

[挿入] タブ→ [画像] → [画像] → [ストック画像] をクリックすると、ストック画像の画面が表示されます。検索ウィンドウに使いたい写真イメージのキーワードを入力して検索します。サンプルでは、「白　抽象」というキーワードで検索しました。好みの写真が見つかったら選択して [挿入] をクリックすれば、スライド上に写真が挿入されます。写真以外にアイコンやイラストも同様の手順で挿入できます。
スライド上に挿入した写真を、Shift キーを押しながらドラッグするとサイズが変えられます。スライドの大きさに合わせて拡大したら、写真を右クリックすると表示されるプルダウンメニューで [トリミング] を選び、表示されるガイドをドラッグしてスライドさせると、不要な部分を削除できます。
先に配置した文字や図形が写真の後ろに隠れてしまった場合は、右クリック→ [最背面へ移動] を選ぶと、写真が一番後ろ（背面）に配置されます。

画像の挿入元
このデバイス...(D)
ストック画像...(S)
オンライン画像(O)...

作成編

02 柔らかさを醸し出す角丸四角形のあしらい

Chapter2

角丸の丸みを大きくすると柔らかく、小さくするとシャープになります。角丸四角形の囲みは汎用性が高く、幅広いデザインに応用できます。

フォント｜ 和文：BIZ UDP ゴシック　欧文：Bahnschrift
配色　■ #0D0D0D　□ #FFFFFF　■ #26DFD0　■ #F62AA0　■ #B8EE30

作成方法

1 スライドを新規作成（高さ19.05cm × 幅33.87cm）し、［ホーム］タブ→［図形描画］から［正方形／長方形］を選択します。スライドと同じ大きさの長方形を作り、アイスブルー■（#26DFD0）で塗ります。［ホーム］タブ→［図形描画］→［図形の枠線］で［枠線なし］にします。

2 [ホーム] タブ→ [図形描画] から [四角形：角を丸くする] を選択して、長方形よりひと回り小さい角丸四角形を作ります。サンプルでは高さ17.5cm ×幅 32.2cm にしました。

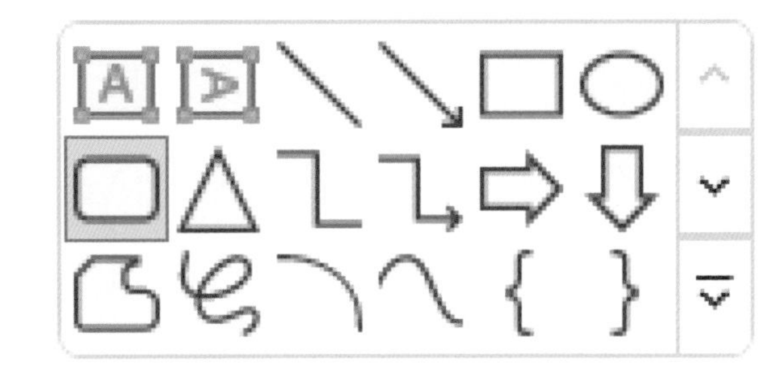

3 角丸四角形をクリックして選択し、[図形の書式] タブ→ [配置] → [配置] から [左右中央揃え] と [上下中央揃え] を選び、スライドの真ん中に配置します。

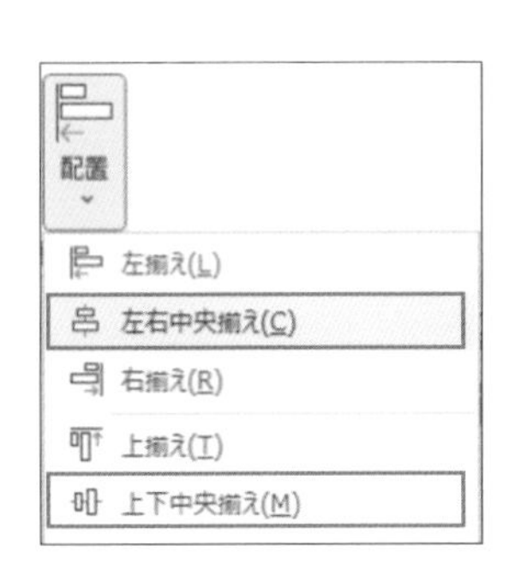

4 このままだと角の丸みが大きすぎるので、角丸四角形の左上にある調整ハンドル（黄色い小さな丸）を左にドラッグして、丸みを小さくしておきましょう。左上の調整ハンドルで行った変更は、右上・左下・右下の角にも自動的に適用されます。

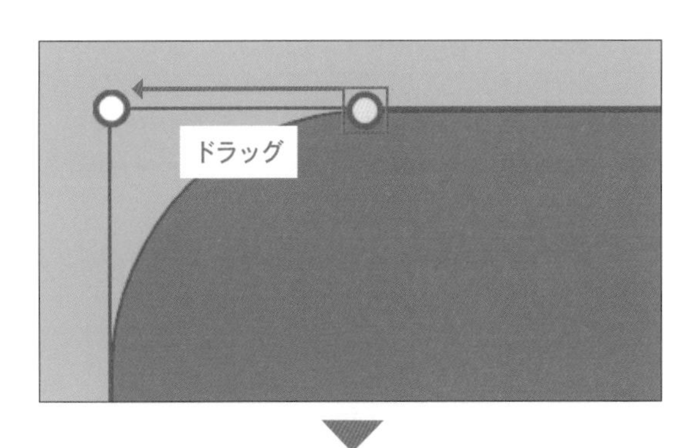

5 Shift キーを押しながら、①長方形→②角丸四角形の順にクリックし、[図形の書式] タブ→ [図形の挿入] → [図形の結合] → [型抜き / 合成] を選択します。角丸四角形の囲みができます。

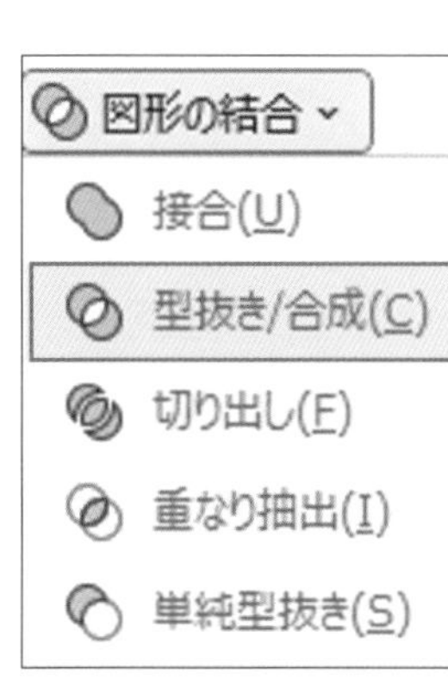

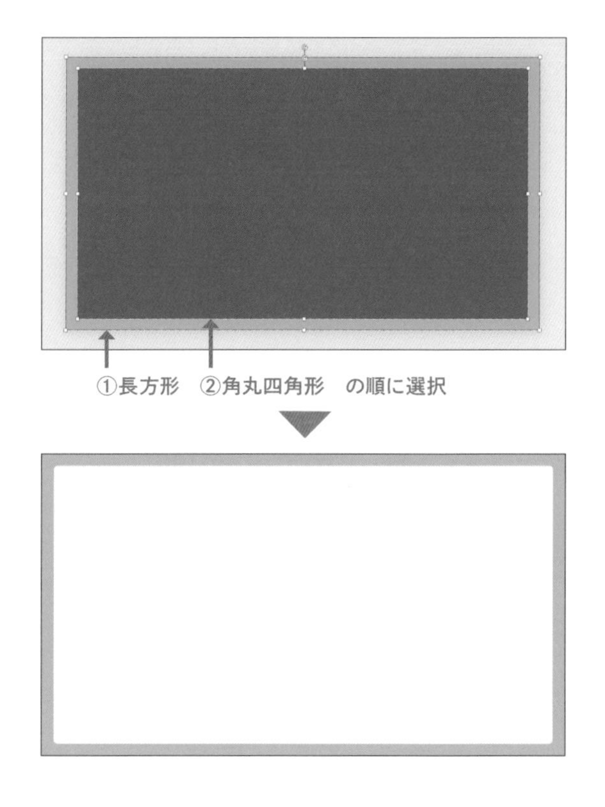

6 1 と同じ大きさで別のスライドを新規作成します。高さ 2.9cm ×幅 18cm の角丸四角形を作り、[図形の枠線] で [枠線なし] にして、アイスブルー■ (#26DFD0) で塗り、[透明度] を「70%」にします。左上の調整ハンドルを最大限右側にドラッグし、角丸の大きさを最大にして、キャンディのような形にしましょう。

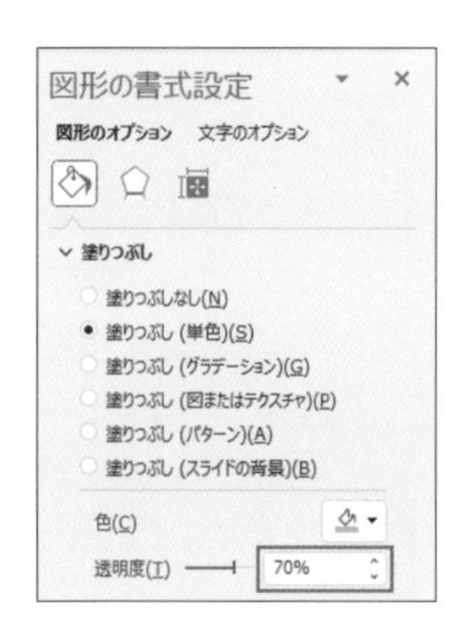

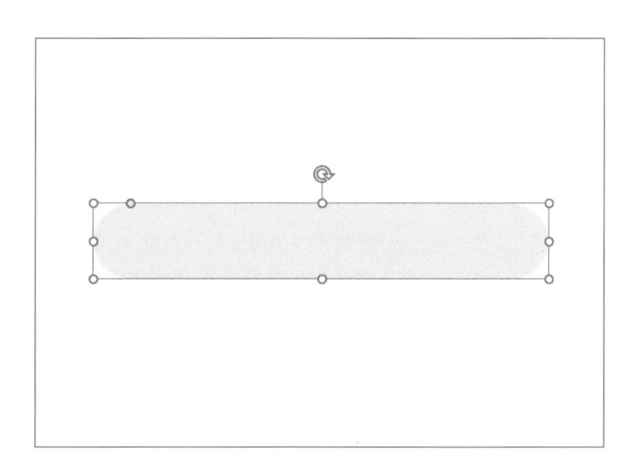

7 できた図形を右クリックし、[図形の書式設定] → [図形のオプション] → [サイズとプロパティ] → [サイズ] で [回転] を「27°」に設定します。

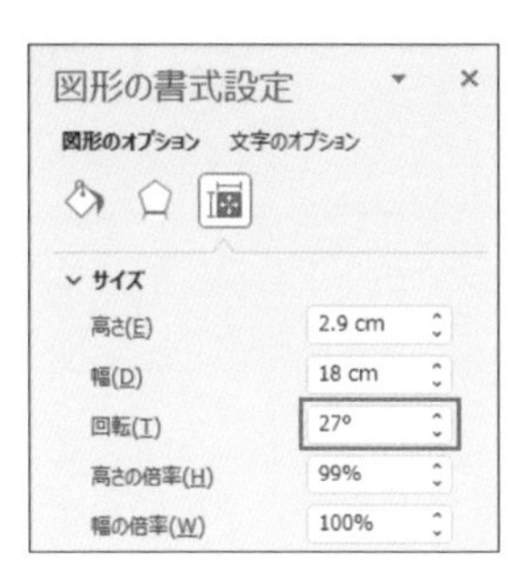

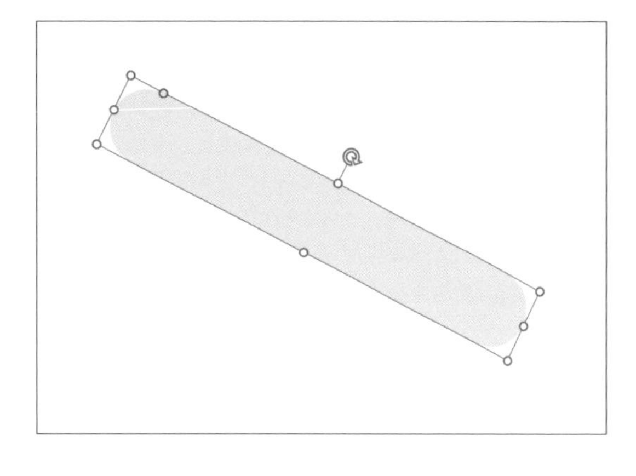

8 回転した角丸四角形を選択し、Ctrl + D キーを押して複製します。同じ図形を全部で6つ作成したら、そのうち3つをネオンピンク■(#F62AA0／透明度：70%)、1つをライムグリーン■(#B8EE30／透明度：50%)に塗ります。できたら、左上と右下の隅にバランスよく配置します。

9 さらに、高さ12cm×幅20cm程度の長方形を2つ作り、アイスブルー■(#26DFD0／透明度：70%)とネオンピンク■(#F62AA0／透明度：70%)で塗り、スライドの右上と左下の隅にバランスよく配置します。

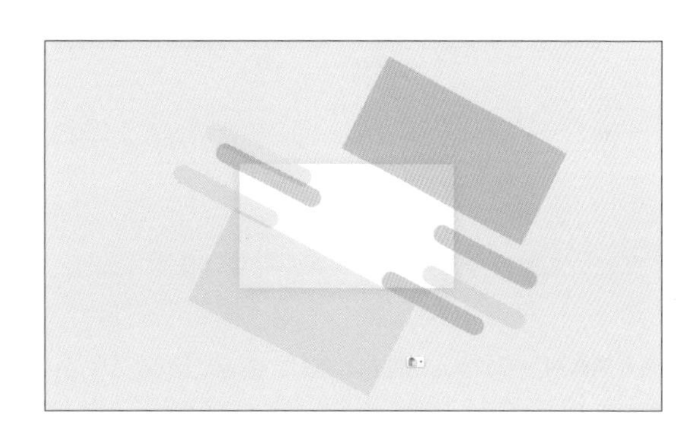

10 1～5で作った囲みを Ctrl + C キーでコピーし、スライドの上に Ctrl + V キーで貼り付けます。

11 テキストボックスを作成し、ブラック■（#0D0D0D）でタイトルなどの文字を入力します。タイトルの下には、ネオンピンク■（#F62AA0）で角丸四角形を作成し、上にテキストボックスを重ねてホワイト□（#FFFFFF）の文字を入力します。さらにその下には、ネオンピンク■（#F62AA0）で会社名などを入力します。配置を［左右中央揃え］にして整えれば完成です。

Other Variation

斜めに配置した角丸四角形で、躍動感や疾走感を演出することもできます。こちらの作例では、女性の髪が風になびくポップな写真を背景に使用して、流し撮りのような雰囲気を出してみました。文字のフォントには「Agency FB」を使って、テクノロジー感を加えています。
※このスライド内で使われている写真はストックフォトサービスのものを利用しています。ダウンロードデータには含まれていません。

Column 角丸四角形の応用デザインを作る

角丸四角形はランダムに配置したり、囲みに使ったりとても便利に使うことができる図形ですが、角丸四角形を組み合わせれば、さらに印象の異なるデザインを作ることができます。

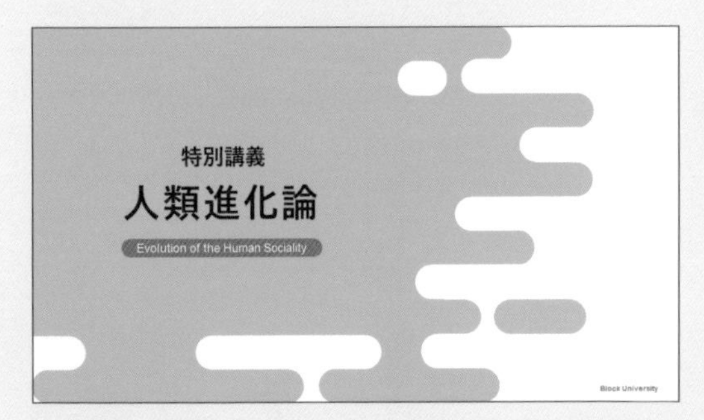

ミントグリーンとホワイトの角丸四角形を多く配置して、アメーバのようなデザインにした作例です。

画面いっぱいにはみ出す角丸正方形のあしらいを窓のように配置した、60年代風デザインの作例です。

作成編

03

Chapter2

軽やかさを演出する輪のあしらい

円形の中でもあしらいとして使いやすいリングとドットパターン。正円のリングはスライドを躍動感のある軽やかな雰囲気にします。

フォント｜ 和文：BIZ UDP ゴシック　欧文：Arial

配色　■ #333652　■ #D2C6D8　■ #BCAAC6　■ #A58CB3　■ #D8DAEC　■ #B0B5D8　■ #838BC2　□ #FFFFFF

作成方法

1 スライドを新規作成（高さ 19.05cm ×幅 33.87 cm）し、スライドと同じ大きさの長方形を作成します。長方形をラベンダーのグラデーションで塗っていきます。

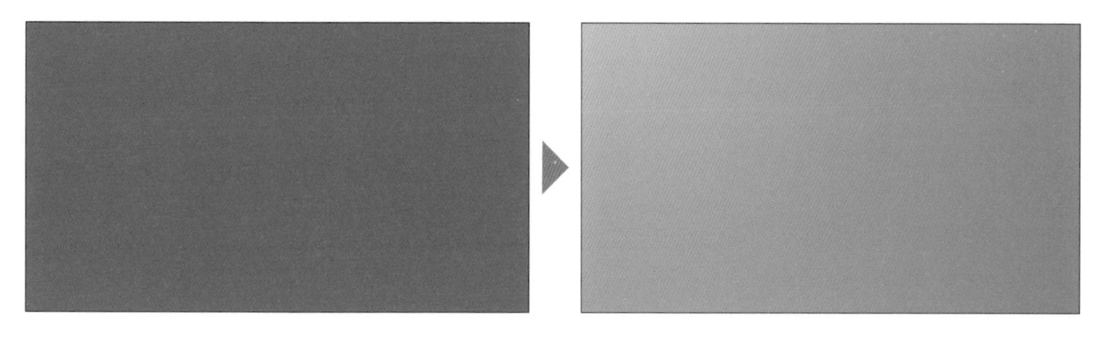

2 長方形を右クリックして、[図形の書式設定] → [図形のオプション] → [塗りつぶしと線] → [塗りつぶし] から [塗りつぶし (グラデーション)] を選びます。

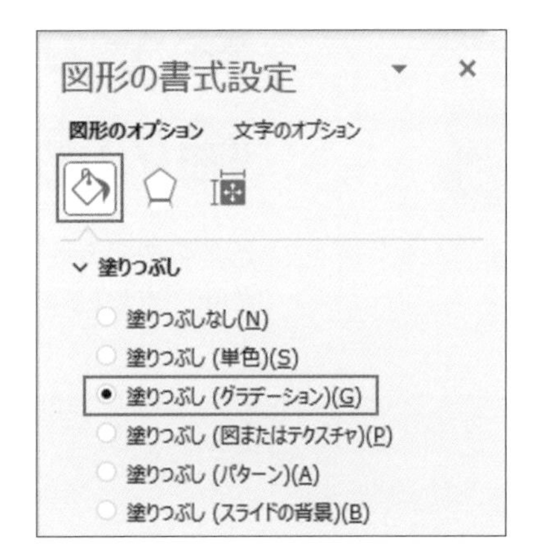

3 グラデーションの [種類] は「放射」、[方向] は「左上隅から」に設定します。

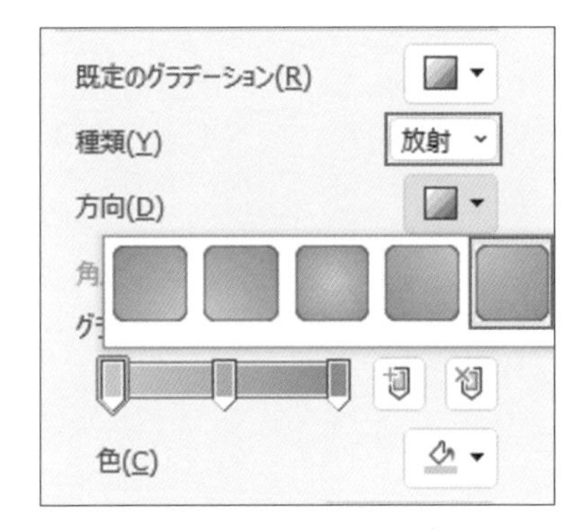

4 [グラデーションの分岐点] で、「位置：0%」を ■ (#D2C6D8) で塗ります。「位置：0%」は一番左の分岐点です。「位置：50%」(真ん中の分岐点) を ■ (#BCAAC6)、「位置：100%」(一番右の分岐点) を ■ (#A58CB3) で塗ります。不要な分岐点は分岐点をクリックしたあと、[×] をクリックして削除しましょう。分岐点を増やす場合は [+] をクリックします。

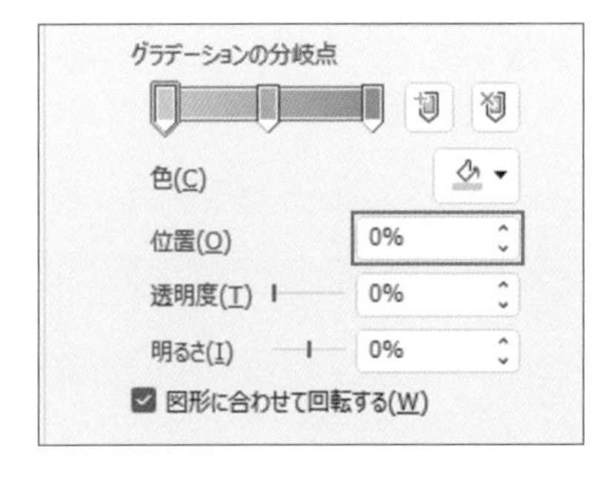

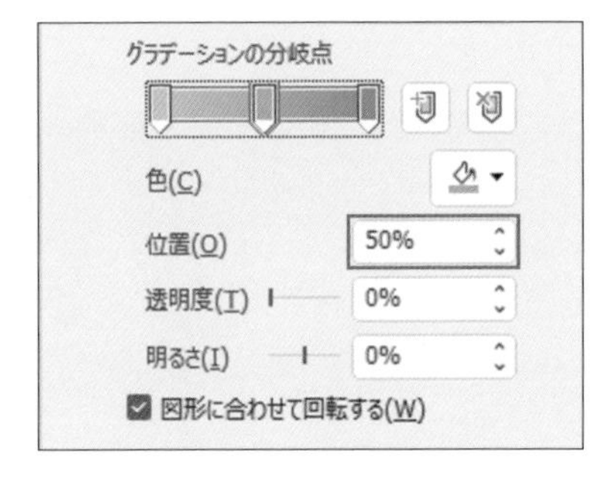

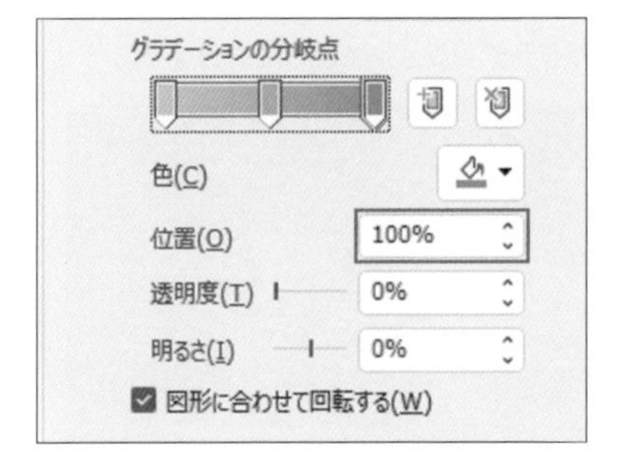

5 ［ホーム画面］タブ→［図形描画］→［基本図形］から「円：塗りつぶしなし」を選択してドラッグでリングを作成し、［図形の書式設定］で［塗りつぶしなし］にします。

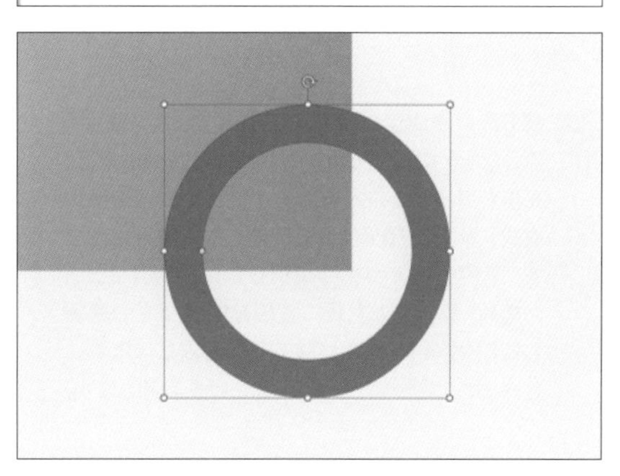

6 左上（高さ・幅 12.6cm）、右下（高さ・幅 14.6cm）、左下（高さ・幅 4.8cm）に、それぞれリングを作って配置します。リングの太さは黄色の調整ハンドルを左にドラッグして、細く調整します。

7 リングを選択し、ブルーグレーのグラデーションで塗ります。グラデーションは［種類］を「放射」にし、分岐点の「位置：0%」は■（#D8DAEC）、「位置：50%」は■（#B0B5D8）、「位置：100%」は■（#838BC2）としました。

8 別のスライドを新規作成します。[ホーム] タブ→[図形描画] → [基本図形] で正円 (高さ・幅 0.8 cm) を作り、Ctrl + D キーで複製し、縦に 4 つ、横に 8 つずつ並べます。右の図は 4 つ作成したところです。

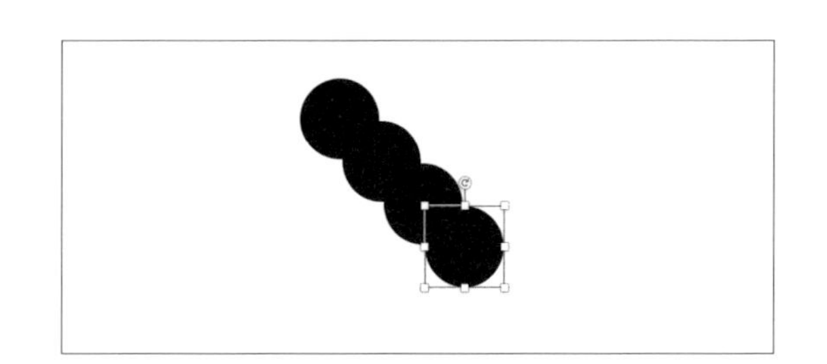

9 長方形を作成し、[図形の書式設定] で [塗りつぶしなし] に設定して、ガイド枠を作成します。正円がガイド枠の内側におさまるよう、[図形の書式] タブ→ [配置] → [配置] から整列させます。正円を縦 4 つずつ選択して [左揃え] [上下に整列] を選択した後、正円を横 8 つずつ選択して [下揃え] [左右に整列] を選択し、均等に並べます。終わったらガイド枠だけを削除します。

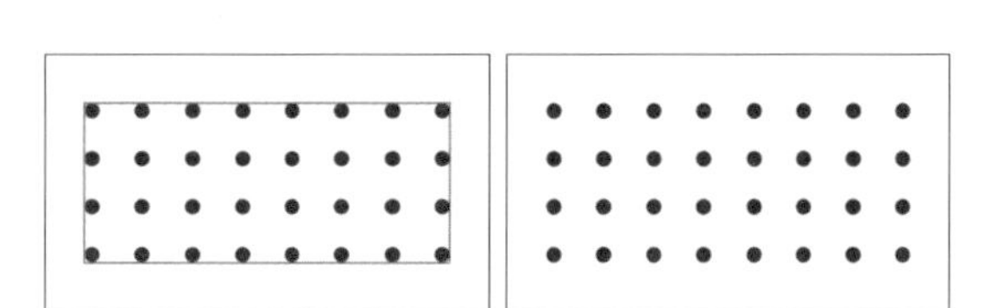

10 すべての正円をドラッグして選択し、Ctrl + G キーでグループ化します。Shift キーを押しながらドラッグして、全体を縮小します。サンプルでは高さ 1.92cm ×幅 4.52cm 程度の大きさにしています。ドットパターンのあしらいができました。

11 1 ～ 7 で作ったスライドを開き、右上と左下にドットパターンのあしらいを配置して、あしらいをホワイト□ (#FFFFFF) で塗ります。

12 テキストボックスを作成し、タイトルなどの文字をネイビー■（#333652）とホワイト□（#FFFFFF）で作成して完成です。

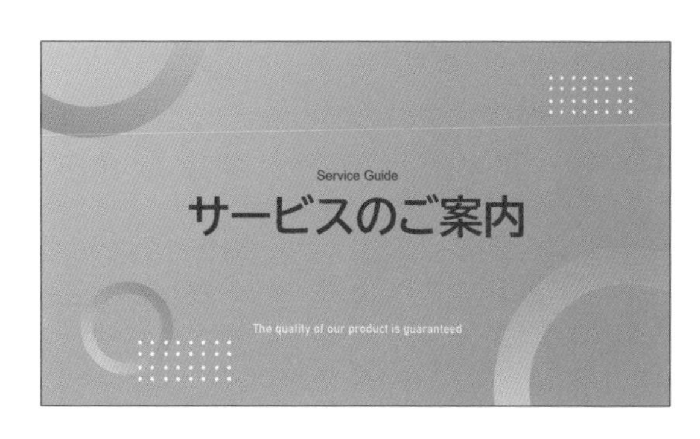

Other Variation

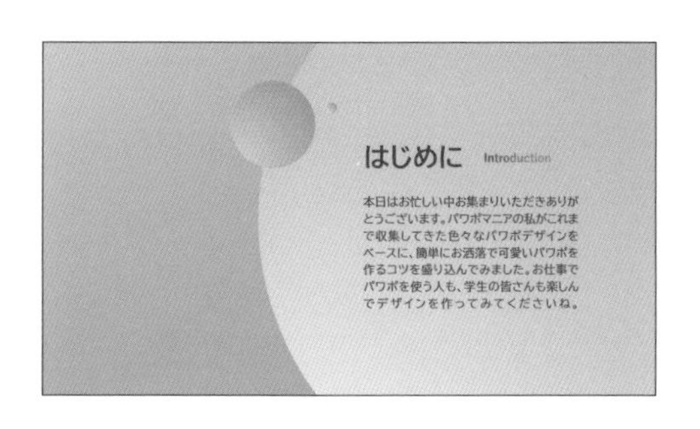

リングとドットのかわりに、円形だけを使って柔らかいデザインを作ってもよいでしょう。円の大きさに思い切って差を付けることでリズムが生まれ、円と背景をグラデーションで塗ることで3Dのような立体感のあるデザインが作れます。

Column 正円の応用デザインを作る

円形のなかでも楕円形を使ったデザインは難しいものです。Shift キーを押しながらドラッグして正円を作ることが、かんたんにセンスのよいデザインを作るコツです。正円は、ランダムに配置して背景のあしらいに使ったり、イメージをくり抜いたりして使うことが多いですが、これ以外にも、大きな正円を左右に配置したり、真ん中に配置したりして、さまざまなデザインを作ることができます。

背景の左右から色の違う大きな正円をチラ見せすれば、柔らかみのあるモダンなデザインを作れます。

ダークトーンのジオメトリック背景に、透明感のあるホワイトのリングでタイトルを囲んだ、禅をイメージした落ち着きのある作例です。

作成編

04

Chapter2

シャープで洗練された線のあしらい

線をあしらうことで現代的なデザインになります。ランダムな線でスライドに動きを付けるなど、さまざまなアレンジを加えることができます。

フォント｜和文：メイリオ　欧文：Impact
配色　■ #000000　■ #6DCCC0

作成方法

1 スライドを新規作成（高さ 19.05cm × 幅 33.87 cm）し、［挿入］タブ→［画像］→［画像］→［ストック画像］から好きな写真を選んで、背景に挿入します（→ストック画像の使い方は P.31 参照）。サンプルでは「ビル」のキーワードで検索したものを選びました。スライドのサイズに合わせて、拡大・トリミングします。

2 [ホーム] タブ→ [図形描画] → [基本図形] から [楕円] を選択し、スライドの左上に正円 (高さ 6.8cm × 幅 6.8cm) を作って、[図形の枠線] で [枠線なし] にします。アクアグリーン■ (#6DCCC0) で塗ります。

3 正円を右クリックして [図形の書式設定] → [図形のオプション] → [効果] を選びます。[ぼかし] の [サイズ] を「55pt」に設定して、ふんわりとした円のあしらいを作ります。

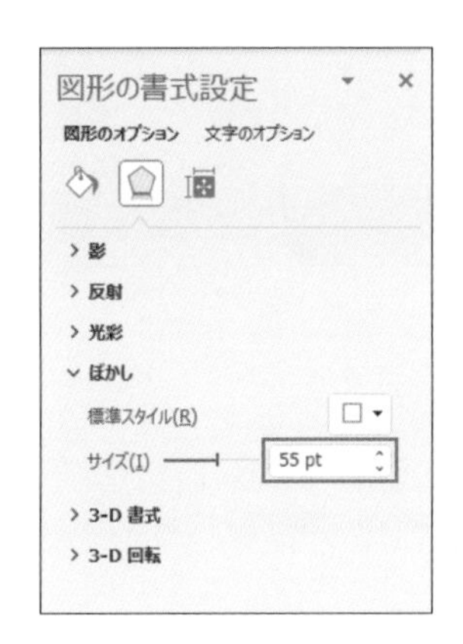

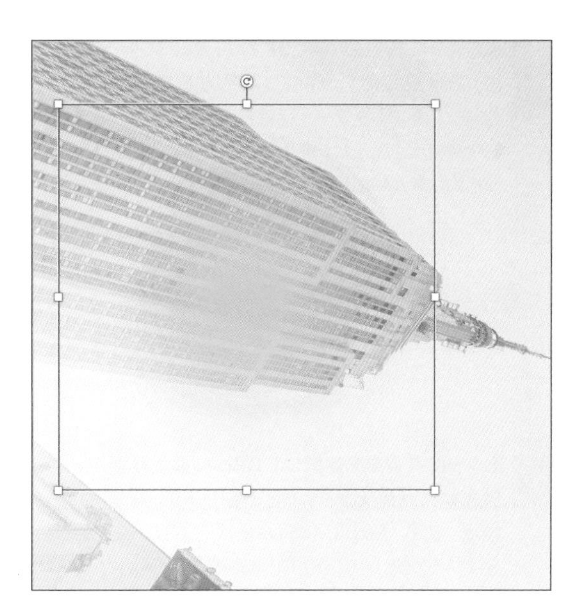

4 円のあしらいを選択し、Ctrl + D キーを押して複製したら、スライド全体にちりばめるようにバランスよく配置します。

5 [ホーム] タブ→ [図形描画] → [基本図形] から長方形（高さ 8.5cm ×幅 31.6cm 程度）を作成し、[図形の枠線] で [枠線なし] にして、アクアグリーン■（#6DCCC0）で塗り、スライドの右下に配置します。

6 同じように長方形（高さ 16.8cm ×幅 31.6cm 程度）を作成します。作成した長方形を選択して [図形の書式] タブ→ [配置] → [配置] から [左右中央揃え] と [上下中央揃え] をクリックし、スライドの真ん中に配置しておきましょう。

7 もう一度長方形を選択して [図形の書式設定] を開きます。[塗りつぶし] を [塗りつぶしなし] に設定します。[線] で [線（単色）] を選び、線の色をブラック■（#000000）に、[幅] を「3pt」にします。さらに、[線の先端] と [線の結合点] を「丸」に設定します。

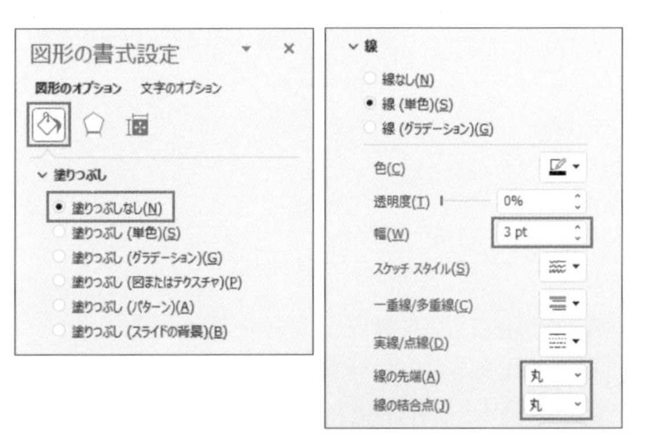

8 テキストボックスを作成し、バランスよく文字を配置すれば完成です。

9 線のあしらいをランダムに配置すると、さらにデザイン性が増します。余裕があればチャレンジしてみましょう。長方形で線の囲みを作るかわりに、[図形描画] から [コネクタ：カギ線] を選び、[幅] を「3pt」にして使用します。カギ線の開始地点と終了地点に正方形でガイドを作成したうえで、カギ線の端にある白丸をドラッグして正方形につなげます。黄色の調整ハンドルをドラッグしてスライドを囲むようにカギ線を配置したら、最後に正方形のガイドを削除します。

Other Variation

線の囲みに、楕円で切り抜いた写真とインパクトのあるフォントを組み合わせれば、スタイリッシュな印象のスライドに仕上がります。写真の色が落ち着いたトーンのブルーなので、背景や円のあしらいの色も薄いブルーグレーを選び、全体をなじませましょう。

作成編

05

Chapter2

先進的な印象を与える三角形のあしらい

三角形のあしらいをスライドのコーナーに配置して、先進的な印象に仕上げます。三角形は大きさや使い方で表現の幅が広がります。

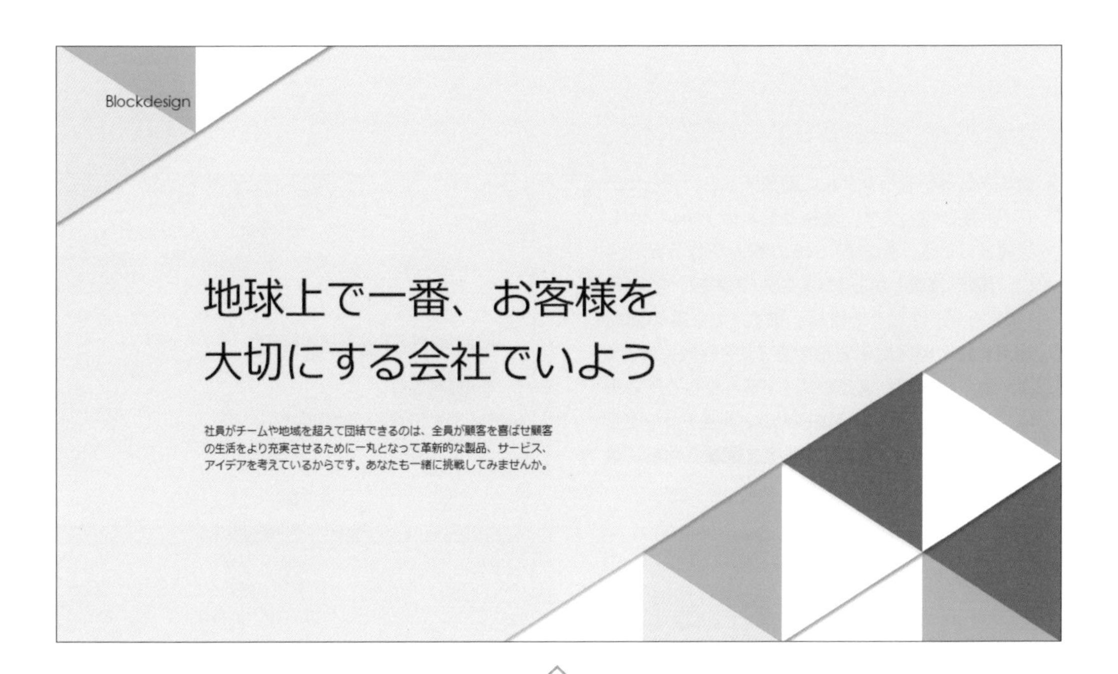

フォント｜ 和文：メイリオ　欧文：Century Gothic

配色　■ #0D0D0D　■ #D5EFFF　■ #52BEEC　□ #FFFFFF　■ #666664　■ #E7E6E6

作成方法

1 スライドを新規作成（高さ 19.05cm ×幅 33.87cm）し、［ホーム］タブ→［図形描画］→［基本図形］から三角形（高さ 5.8cm ×幅 4.7cm）を作成します。オブジェクト上部の回転ハンドルをドラッグして三角形を 90°左に回転させます。同様に三角形をもう 1 つ作成して 90°右に回転させて、底辺同士をくっつけたら、Ctrl + G キーでグループ化します。

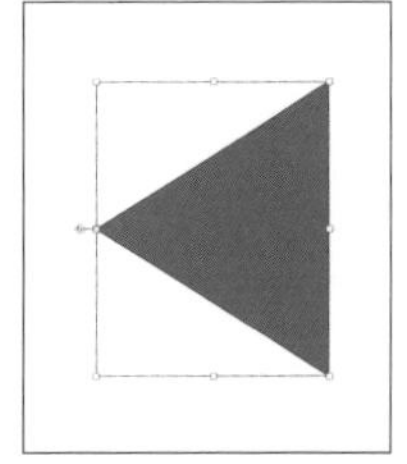

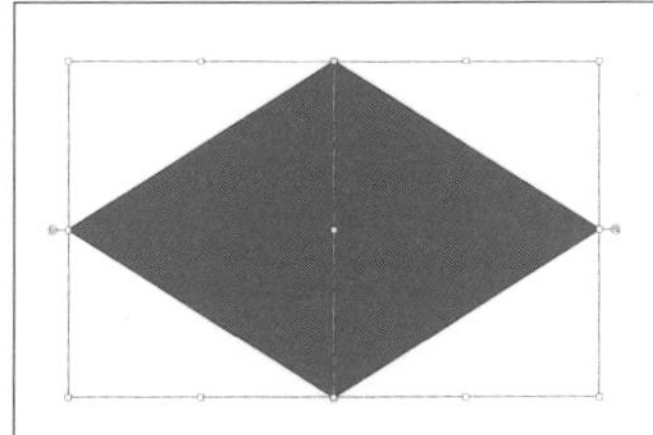

2 グループ化した三角形を Ctrl + D キーで複製し、右のように2つ並べたら、再度 Ctrl + G キーでグループ化します。

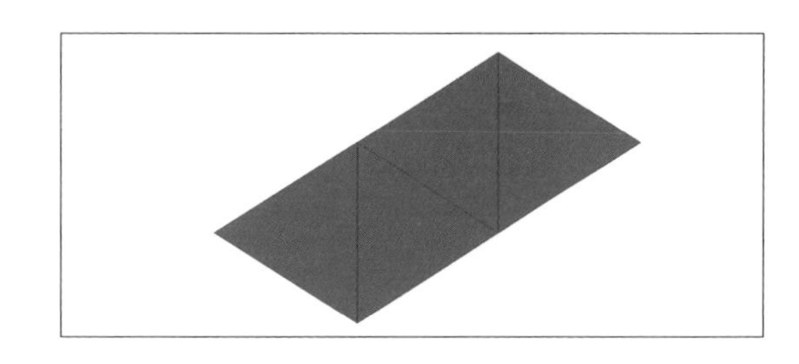

3 もう一度 Ctrl + D キーで複製して並べ、Ctrl + G キーで全体をグループ化すると、三角形のあしらいができます。

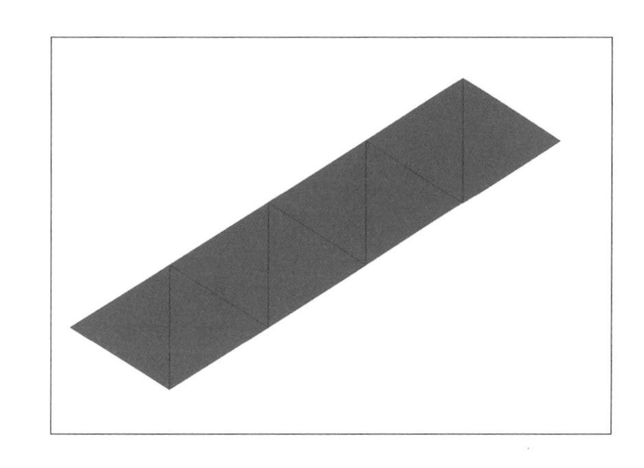

4 [図形の書式] タブ→ [図形のスタイル] から [図形の枠線] → [枠線なし] に設定します。[図形の塗りつぶし] からスカイブルー■ (#52BEEC)、ホワイト□ (#FFFFFF)、ダークグレー■ (#666664)、ライトグレー■ (#E7E6E6) でランダムに塗りつぶします。右図ではわかりやすいよう背景をグレーに塗っています。

5 [図形の書式設定] → [図形のオプション] → [効果] の [影] をクリックし、[標準スタイル] のプルダウンメニューをクリックして、[外側] の [オフセット：右下] を選びます。

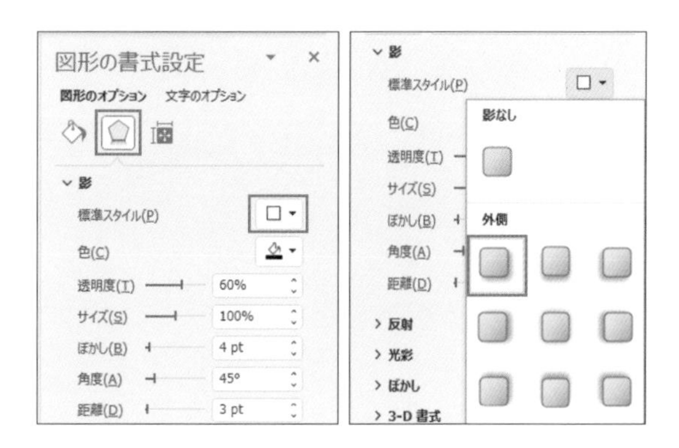

6 全体に影が付いて立体的になりました。このあしらいを Ctrl + D キーで複製して、3 つ作っておきます。

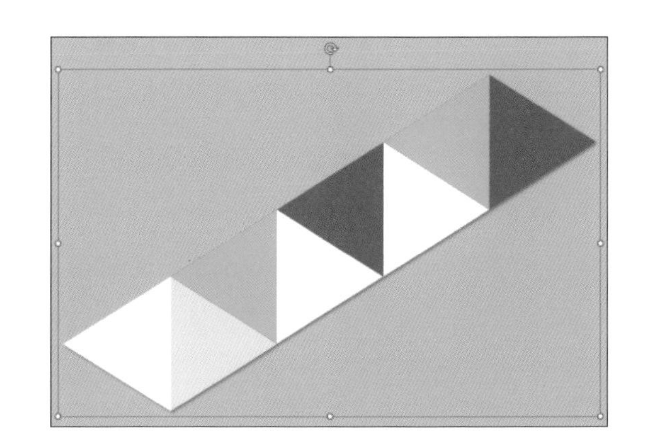

7 1～6で作成した三角形のあしらいを、右下に 2 つ並べます。

8 長方形（高さ 24cm ×幅 42cm）を作成して、ライトブルー（#D5EFFF）に塗り、［図形の書式設定］から［回転］を「328°」します。さらに、三角形のあしらいと同様の設定で影を付けます。

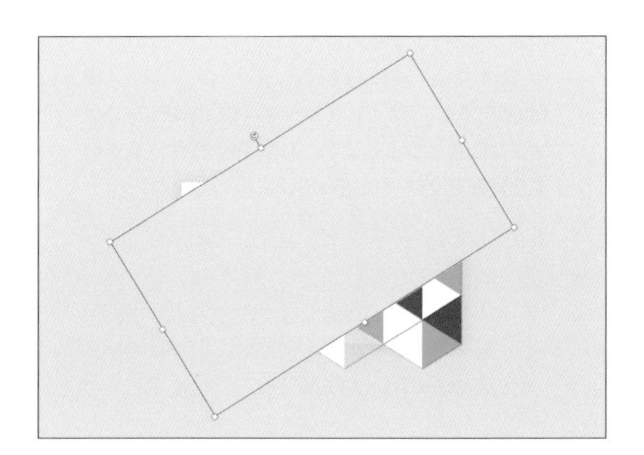

9 左上にも三角形のあしらいを配置します。長方形部分におさまるようにメッセージ、左上に会社名などを配置すれば完成です。

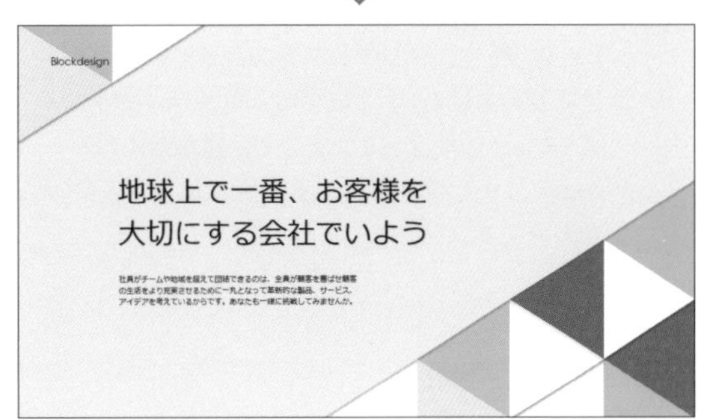

Other Variation

三角形をスライドいっぱいのサイズで作成すると、ダイナミックな印象になります。思い切ったデザインを作る場合でも、フォントの大きさや、あしらいとフォントの色のコントラストを調整して文字の視認性を高めるなど、見やすいスライド作りを心掛けましょう。

Column 平行四辺形のデザインを作る

一見難しそうに見える平行四辺形のあしらいですが、ランダムに配置したり左右を囲んだりするだけでかんたんにスライドのセンスを高められるため、ぜひチャレンジしてみてください。文字とイメージだけのデザインにもうひと工夫したい場合に、右の作例のようにランダムな色と大きさの平行四辺形を多く配置して、華やかなスライドを作ってみましょう。

Column　複数のスライドのサイズを揃える

PowerPointを作るときは、標準サイズの16：9（高さ19.05cm ×幅33.867cm）で設定するのが基本です。Slidesgoテンプレート（→P.168参照）のあしらいをほかのPowerPointと組み合わせたい場合など、サイズの異なる複数のスライドを1つのファイルにまとめたいときは、以下の手順でテンプレートのスライドサイズを揃えておきましょう。

1 ［デザイン］タブ→［ユーザー設定］→［スライドのサイズ］から［ユーザー設定のスライドのサイズ］を選択して、テンプレートのスライドのサイズを確認しましょう。ここでは「高さ14.288cm ×幅25.4cm」になっているので、標準サイズのPowerPointと組み合わせる場合にはサイズ変更が必要です。

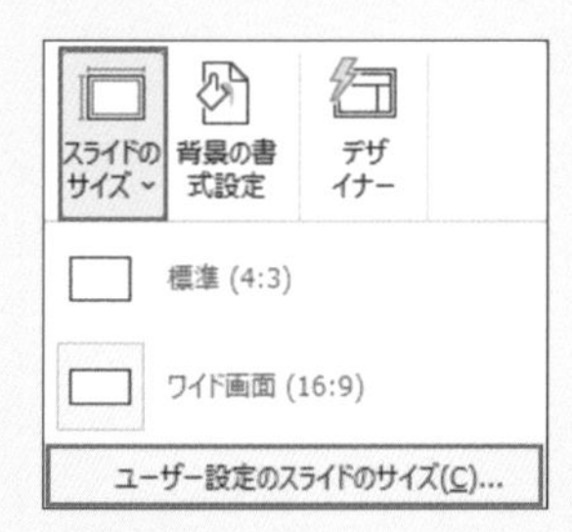

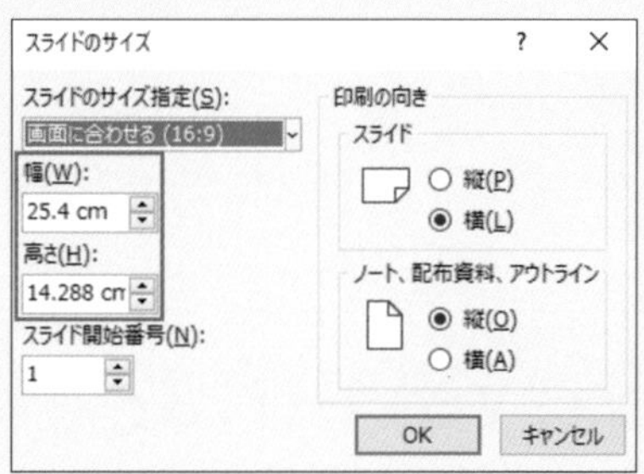

2 ［高さ］を「19.05cm」、［幅］を「33.867cm」に変更します。

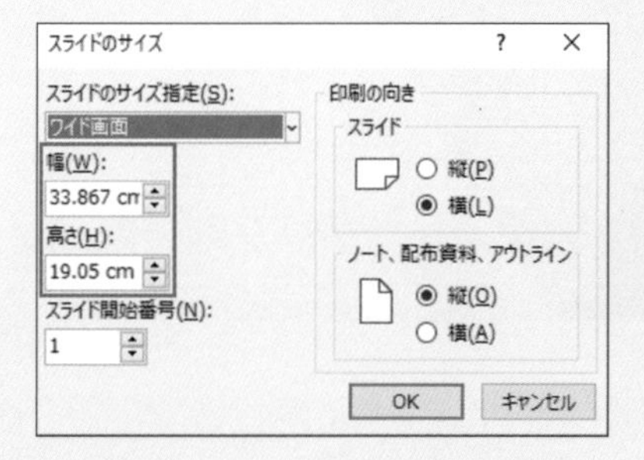

3 テンプレートのサイズが標準サイズに変更されます。

作成編

Chapter

配色を整えて
センスよく見せる

PowerPoint の配色次第で、印象が大きく変わります。トーンに差を付けたり、マルチカラーやグラデーションを使ったりして、内容のイメージに合った配色を目指してみましょう。

作成編

01

Chapter3

寒色系のトーンオントーンでクールな印象を作る

トーンオントーンとは、ベースとなる色（色相）を決めてトーン（明度や彩度）に差を付ける配色のこと。統一感が出て見やすい配色になります。

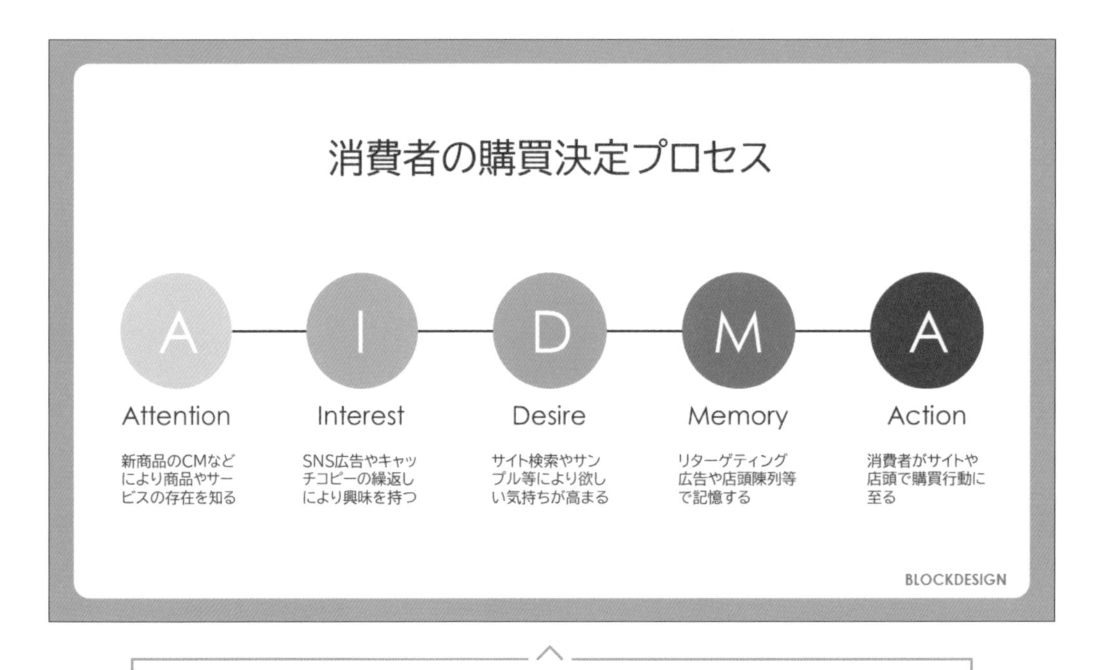

フォント｜和文：BIZ UDP ゴシック　欧文：Century Gothic

配色 ■ #3B3838　□ #FFFFFF　■ #C8D4D0　■ #86B4C3　■ #7BACB0　■ #327B8A　■ #014F59

作成方法

1 ［ホーム］タブ→［図形描画］から［楕円］を選択して、Shift キーを押しながらドラッグし、正円のアイコンを作成します。サイズは、サンプルでは高さ 3.8cm ×幅 3.8cm としました。

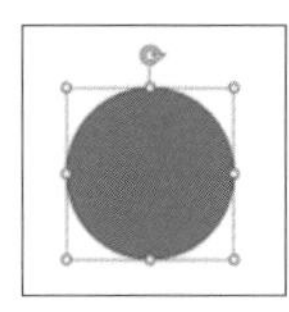

2 Ctrl ＋ D キーで、正円を複製してアイコンを 5 つ作成したら、［図形の書式］タブ→［配置］→［配置］でバランスよく配置します（→配置の方法については P.30 参照）。

3 アイコンの色は同じにせず、ベースとなるオリーブ色から、彩度と明度を少しずつ変えていきます。サンプルの配色は左から■（#C8D4D0）、■（#86B4C3）、■（#7BACB0）、■（#327B8A）、■（#014F59）にしました。

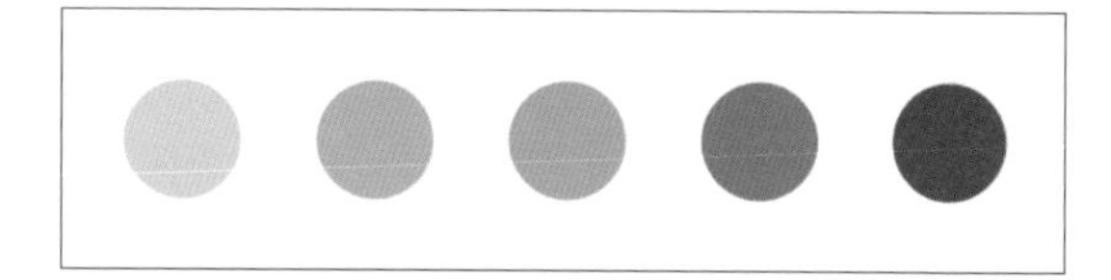

4 ［ホーム画面］タブ→［図形描画］から［線］を選択し、左端のアイコンから右端のアイコンまでを結ぶ線（幅：2pt）をブラック■（#3B3838）で引きます。

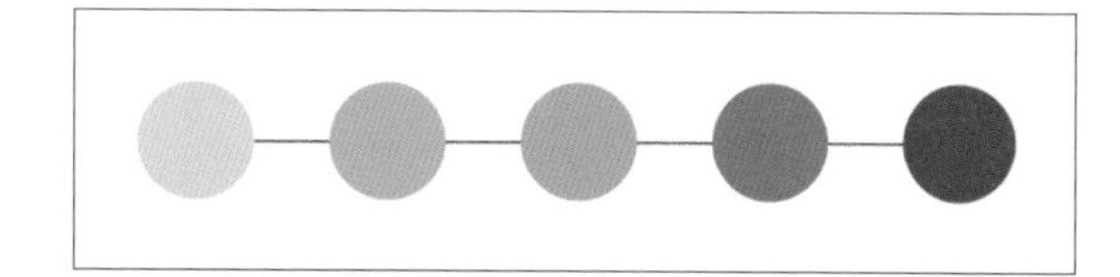

5 作成した線を右クリックして、［最背面へ移動］を選択し、最背面に移動しておきます。

6 ［ホーム画面］タブ→［図形描画］から［テキストボックス］を選択し、ホワイト□（#FFFFFF）で文字を入力します。アイコンや文字がズレるのを防ぐため、全体を Ctrl + G キーでグループ化しておきます。

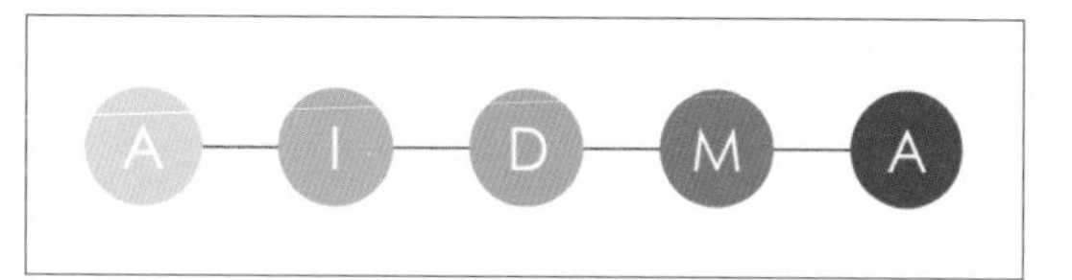

7 別のスライドを新規作成して、オリーブ■（#7BACB0）で角丸四角形の囲みを作成し、元のスライドに配置します（→囲みの作り方はP.32参照）。

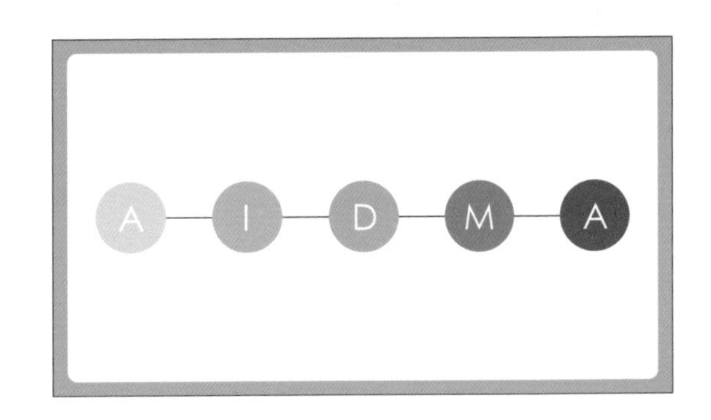

8 ブラック■（#3B3838）でタイトルとコンテンツの文字を入力し、オリーブ■（#7BACB0）で会社名などを配置したら完成です！

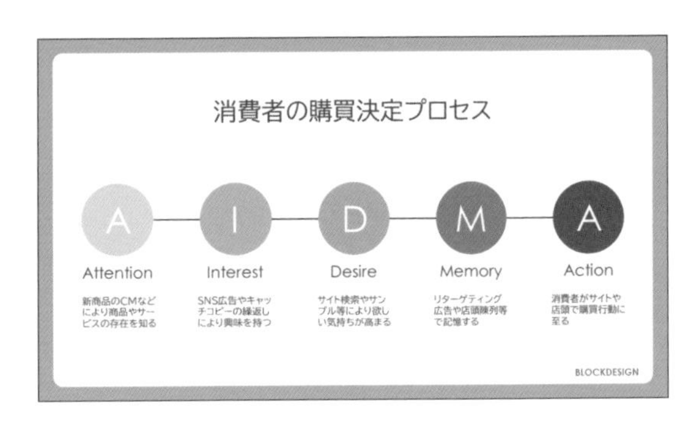

Other Variation

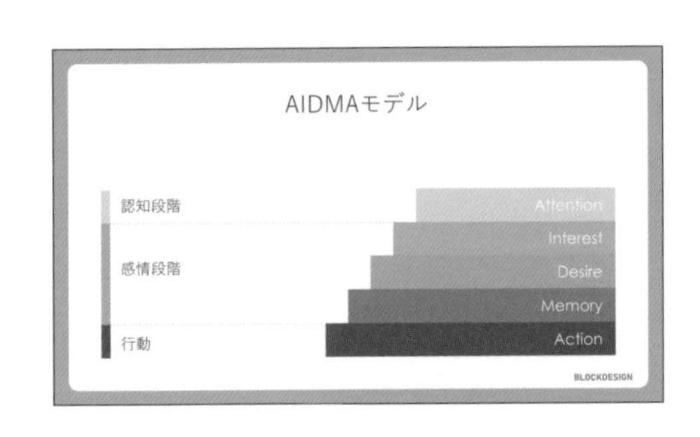

同じトーンオントーンの配色を使い、四角形で図解を作った例。情報量の多い図解などでは、色数を減らしたスライドのほうが情報を整理しやすく、読み手にもわかりやすくなります。基本的には同じ色相でトーンに差を付けて配色しますが、必ず同じ色相にしなければならないわけではなく、色相に統一感があれば、類似の色相から選択してもかまいません。

作成編

02

Chapter3

元気な気持ちになるポップなマルチカラー配色

マルチカラー配色は部門名など、並列項目に意味付けするときに使うのがおすすめ。若い層向けにもポップな明るいカラーは効果的です。

フォント｜ 和文：メイリオ　欧文：Bahnschrift

配色　■ #0D0D0D　□ #FFFFFF　■ #E56997　■ #BD97CB　■ #FBC740　■ #66D2D6

作成方法

1 ［ホーム］タブ→［図形描画］から、長方形（サンプルでは高さ 2cm ×幅 6cm）を作ります。

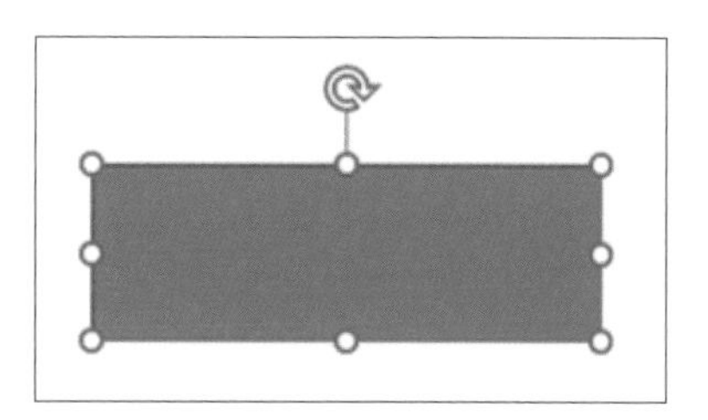

2 同じく［図形描画］から三角形（サンプルでは高さ 0.4cm ×幅 0.8cm）を作ります。三角形はオブジェクト上部の回転ハンドルをクリックしてから 180° 回転させます。

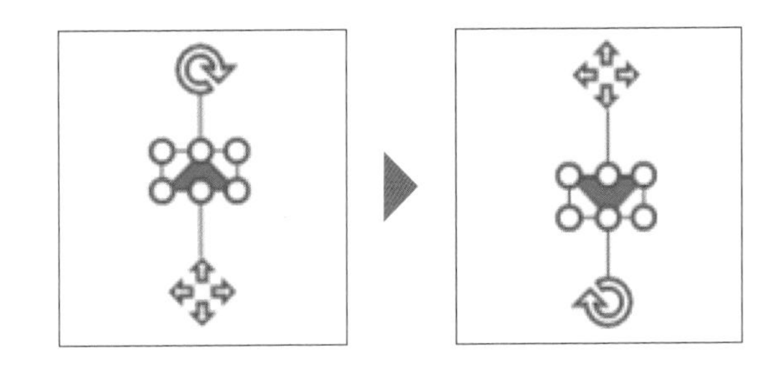

3 長方形と三角形を組み合わせたら、［図形の書式］タブ→［図形の挿入］→［図形の結合］→［接合］の順にクリックして、吹き出しの図形を作ります。

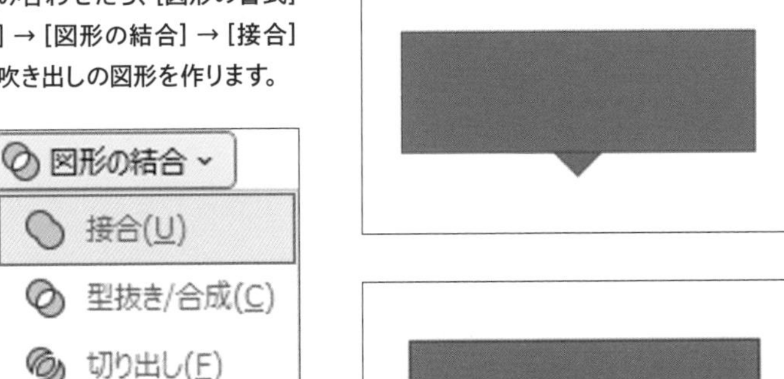

4 Ctrl ＋ D キーで吹き出しの図形を複製し、4 つ並べます。吹き出しの色を左からピンク■（#E56997）、ラベンダー■（#BD97CB）、イエロー■（#FBC740）、ミント■（#66D2D6）に塗ります。

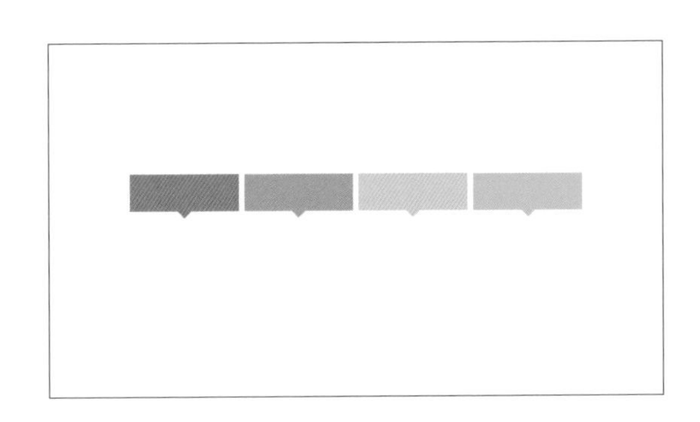

5 ブラック■（#0D0D0D）で文字を配置します。

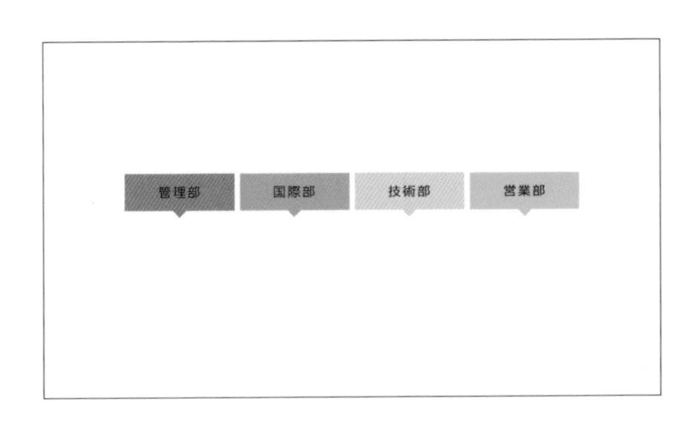

6 次に、[挿入] タブから [画像] → [画像] → [ストック画像] を選んで [アイコン] をクリックしたら、検索欄にほしいアイコンのキーワードを入力して探します（→アイコンの使い方はP.133参照）。

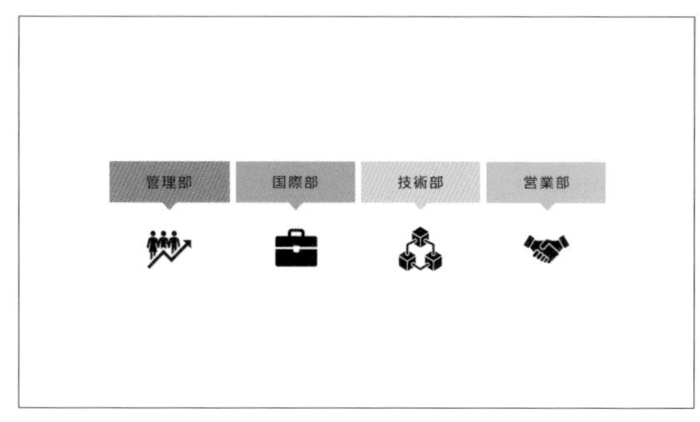

7 アイコンの下にバランスよく文字を配置すれば、コンテンツ部分の完成です。

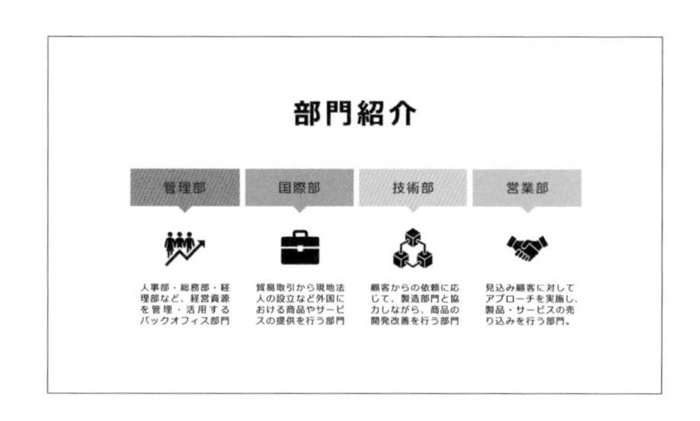

8 別のスライドを新規作成し、**4** で使用した4色それぞれに塗った長方形を4つ作成します。スライドの内側を囲むように隙間なく並べます。

9 大きな長方形（サンプルでは高さ18cm × 幅32.8cm／線なし）を作成し、ホワイト□（#FFFFFF）で塗り、スライドの中心にくるように配置します。

10

7 で作成したコンテンツを Ctrl + A キーで全選択し、Ctrl + C キーでコピーしたあと、長方形を作成したスライドに Ctrl + V キーで貼り付けます。右上に長方形の図形を並べたハンバーガーメニュー風のあしらいを配置し、右下にページ番号を配置して完成です。

Other Variation

背景色をグレーにして、マルチカラーのアイコンを使った例。1つのスライド内で使う色数が多すぎると、ごちゃごちゃした印象を与えてしまいがちです。マルチカラーの配色を作る場合には、同じトーンの色を選ぶ（トーンイントーン）、使う色数を絞る（多くても4色まで）、背景をモノトーンベースにする、といった工夫で、全体のバランスを取りましょう。

Column　センスのよい配色が見つかるWebサイト

センスのよい配色を探したい場合は、「Canva」の「Color palettes」（https://www.canva.com/colors/color-palettes）が参考になります。一覧から好きな配色を選んでクリックすると、イメージ写真とカラーコードを見ることができます。使いたい色が決まっている場合は、検索ウィンドウに色名を入力して探すと、なじみのよい配色が見つかります。

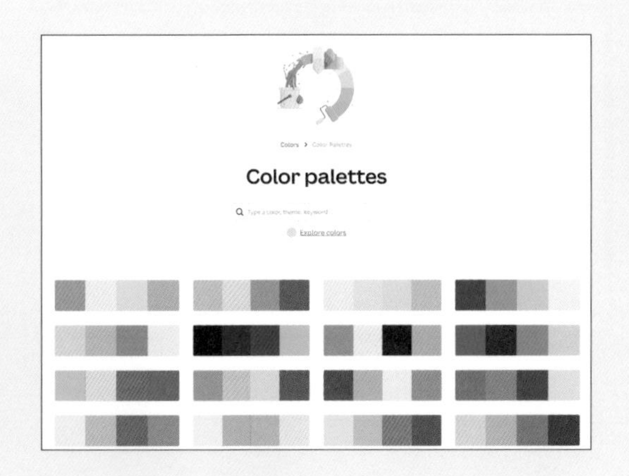

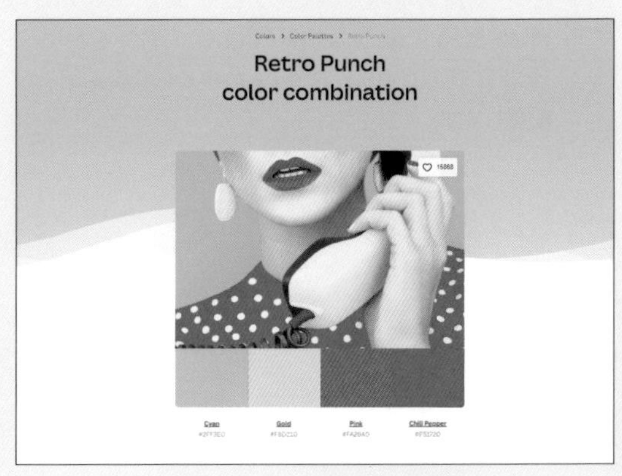

作成編

03 Chapter3

アクセントカラーを入れる「70：25：5」の配色

汎用性の高い「ベース 70%」「メイン 25%」「アクセント 5%」の配色。メインと相性のよい反対色をアクセントカラーに選ぶのがポイントです。

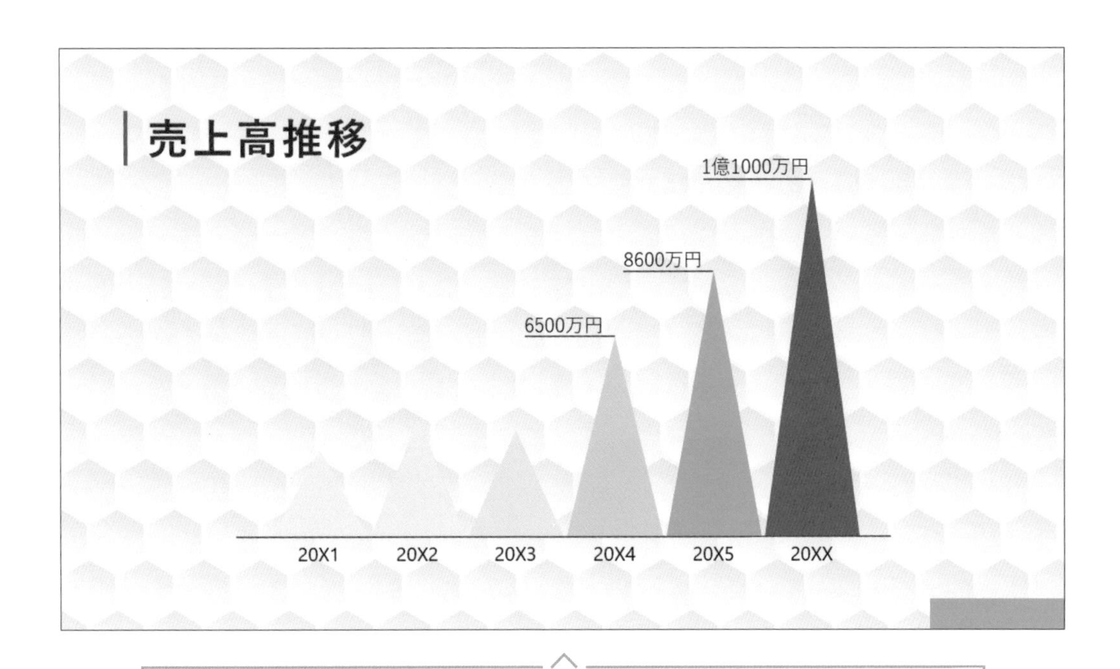

フォント｜ 和文：游ゴシック　欧文：Segoe UI

配色 #262626 #E0F3F4 #D1EEEF #BFE7E9 #95D6DC #01ABCE #D71F3E

作成方法

1 ［ホーム］タブ→［図形描画］を選択して、三角形(サンプルでは高さ 10cm ×幅 3.2cm）を作成します。

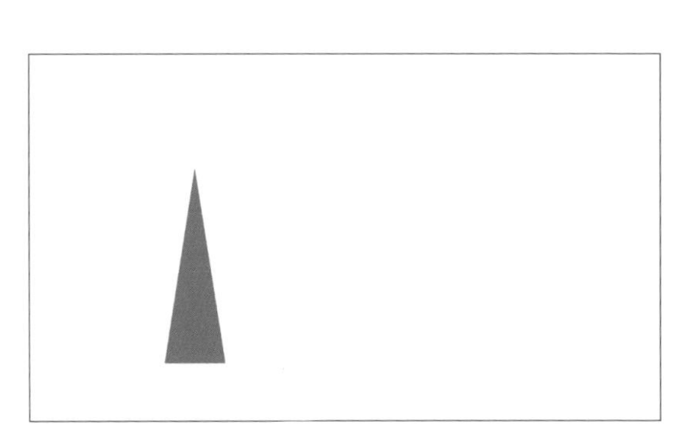

2 Ctrl + D キーで複製し、6個の三角形を横に隙間なく並べます。[図形の書式] タブ→ [配置] → [配置] を使って、三角形の底辺を揃えておきましょう (→配置の方法はP.30参照)。

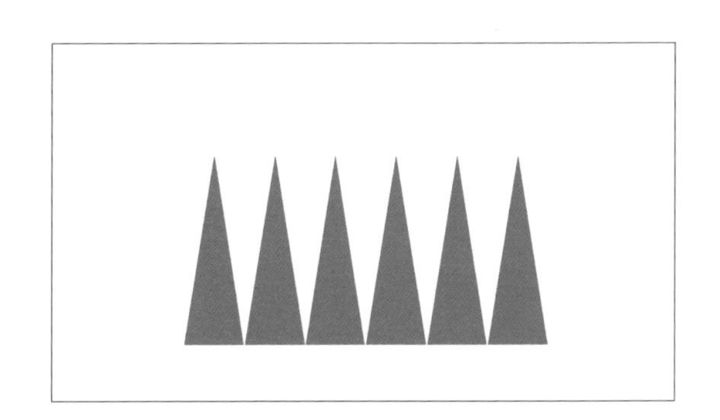

3 ブラック■ (#262626) で三角形に下線を引き、年度を記入します。

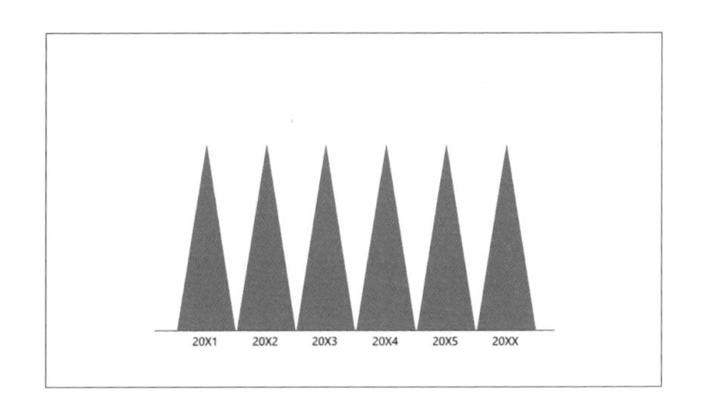

4 三角形の高さを金額に比例するように調整します (サンプルでは1億円がおおよそ1cmになるようにしました)。Ctrl + A キーで全選択し、Ctrl + G キーでグループ化しておきます。

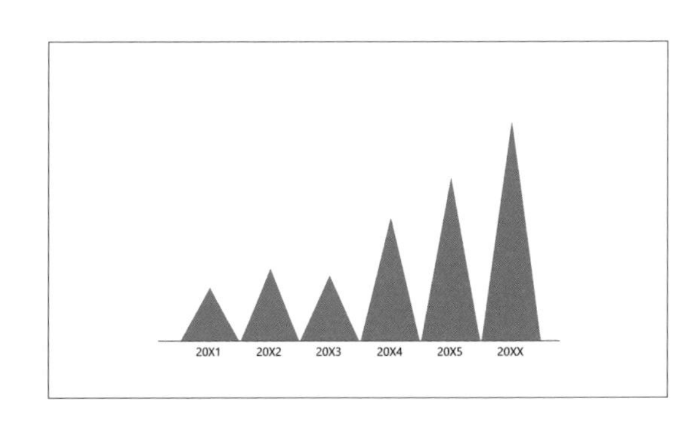

5 左側の5つの三角形を1つずつ、彩度の異なるスカイブルーで塗ります。色は左から (#E0F3F4)、■ (#D1EEEF)、■ (#BFE7E9)、■ (#95D6DC)、■ (#01ABCE) にしました。一番右側の三角形はレッド■ (#D71F3E) で塗りましょう。

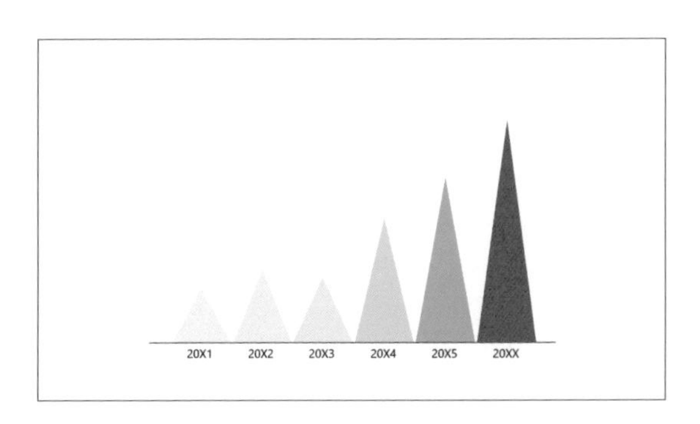

6 三角形の頂点から左側にブラックの線を引き、線の上に金額を記入します。

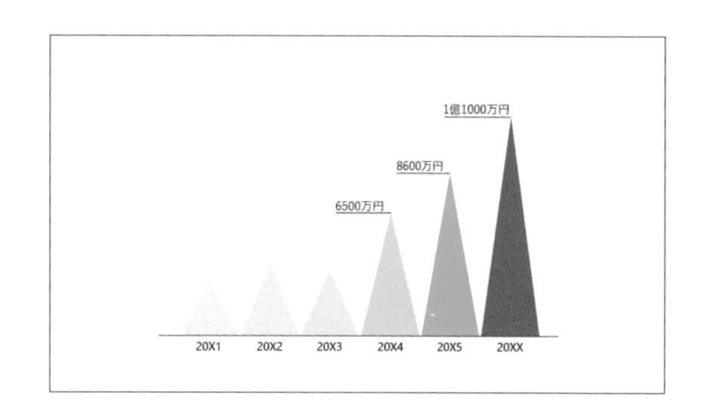

7 スライドの左上にブラックの文字でタイトルを入力し、タイトルの手前と右下に長方形のあしらいを作って、レッドとスカイブルーに塗れば完成です。

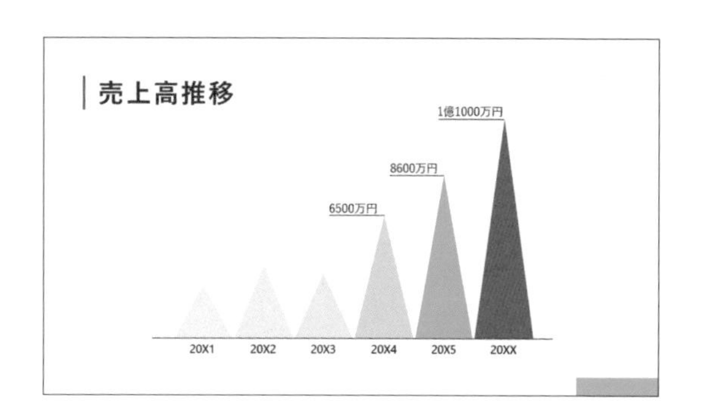

8 背景に抽象イメージのストック画像を貼ると、スライドがシャープな印象になります。ストック画像の挿入方法については、P.31を参照してください。

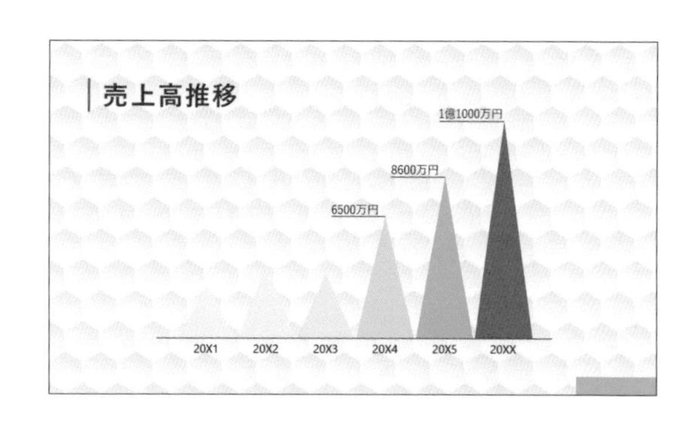

Other Variation

背景にモノトーンの建物写真を使用した例。25%のメインカラーと5%のアクセントカラーを目立たせるために、70%のベースカラー部分はモノトーンを基調にするとうまくまとまります。特にビジネス用PowerPointは、背景をホワイトベースで作ることで、清潔で落ち着いた印象を与えることができます。

作成編

04

Chapter3

優しい空気をまとわせるペールトーンの配色

白い背景にペールトーンのあしらいは、穏やかで優しい空気感を演出できます。ペールトーンの配色では明度高め・彩度低めの色を選びます。

フォント｜ 和文：BIZ UDP ゴシック　欧文：Arial

配色　■ #171717　□ #FFFFFF　■ #D5C8BD　■ #D8D8D8

作成方法

1 ［ホーム］タブ→［図形描画］を選び、長方形（サンプルでは高さ 19.05cm ×幅 6.5cm 程度）を作ります。

2 長方形の色をベージュ■（#D5C8BD）で塗り、［塗りつぶしの色］の［透過性］（透明度）を「30％」にして、スライドの左側に配置します。

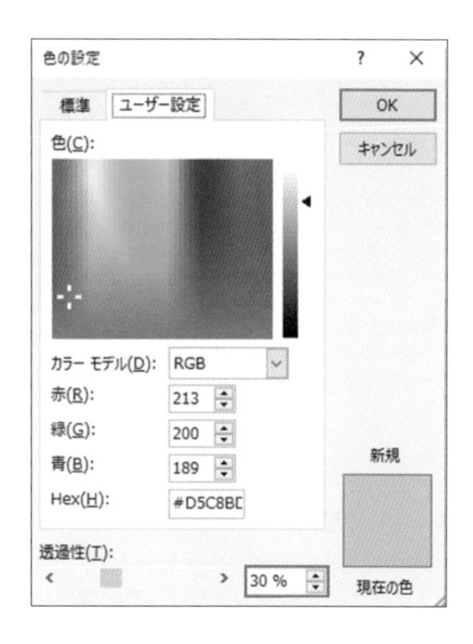

3 ストック画像からスライドの色味に合う写真を選び、大きさを調整して貼り付けます（サンプルでは高さ 11.6cm ×幅 17.4cm 程度）。サンプルで使用している画像は、検索欄に「PC」と入力して検索したものです（→ストック画像の挿入方法は P.31 参照）。

4 ［ホーム］タブ→［図形描画］で、長方形（サンプルでは高さ 19.05cm ×幅 14.3cm 程度）を作ります。色をライトグレー■（#D8D8D8）で塗り、透明度を「30％」にしてスライドの右側に配置します。

5 右側の長方形の上に、ブラック■（#171717）でタイトル文字を入力します。

6 文字や線のあしらいを配置して、完成です。文字のあしらいを作るときは、文字サイズを小さくしたり、テキストボックスを回転させたりして配置すると、デザイン性が高まります。

Other Variation

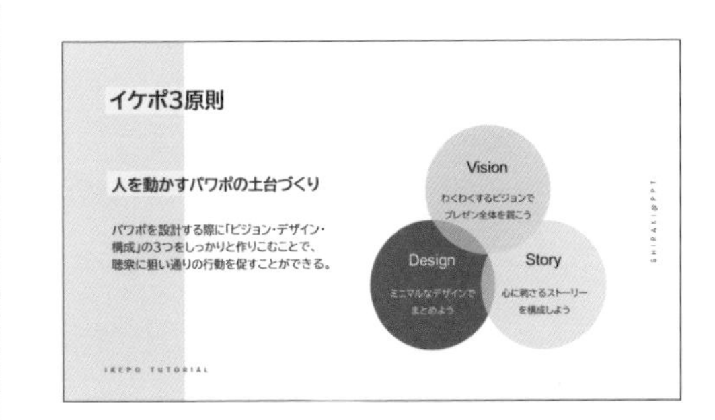

ペールトーンを用いて図解を作った例です。色数を絞ると、図解やグラフも大人っぽく洗練された印象になります。薄い色ばかりでなんとなくぼやけた印象になってしまう場合は、濃いグレーをアクセントに入れると、統一感を保ちながら全体を引き締めることができます。

作成編

05

Chapter3

未来的でシャープな印象のグラデーションの配色

ネオンカラーの美しいグラデーションで仕上げましょう。中間部分の色が濁らないように、色相の近い色が隣り合わせになる配色にします。

フォント｜ 和文：游ゴシック 欧文：Bahnschrift
配色 □ #FFFFFF ■ #22004C ■ #31006C ■ #5CD4D7 ■ #745DE1 ■ #8C04AE ■ #AF01C3 ■ #E10177

作成方法

1 ［ホーム］タブ→［図形描画］を選択して、長方形（サンプルでは高さ 8cm ×幅 0.5cm）を作ります。

2 長方形を Ctrl + D キーで複製して、39 個の長方形を等間隔で並べます。全選択したあと、Ctrl + G キーでグループ化します（→配置の方法は P.30 参照）。

3 さらに、グループ化した長方形を Ctrl + D キーで複製して、高さを 0.6cm に変更し、スライドの上部に配置します。

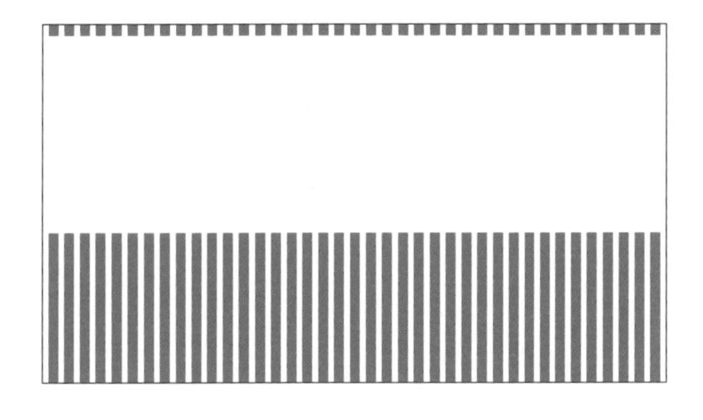

4 グループ化した長方形を右クリックして、表示されるメニューから［図形の書式設定］→［図形のオプション］→［塗りつぶしと線］→［塗りつぶし］→［塗りつぶし（グラデーション）］を選びます。

5 ［種類］は「線形」、［方向］は「右方向」を選びます。［グラデーションの分岐点］で「位置：0％」をミント■（#5CD4D7）にします。同様に、「位置：25％」はバイオレット■（#745DE1）、「位置：50％」はラズベリー■（#8C04AE）、「位置：75％」はパープル■（#AF01C3）、「位置：100％」はピンク■（#E10177）に設定して、塗ります（→グラデーションの設定方法は P.38 参照）。

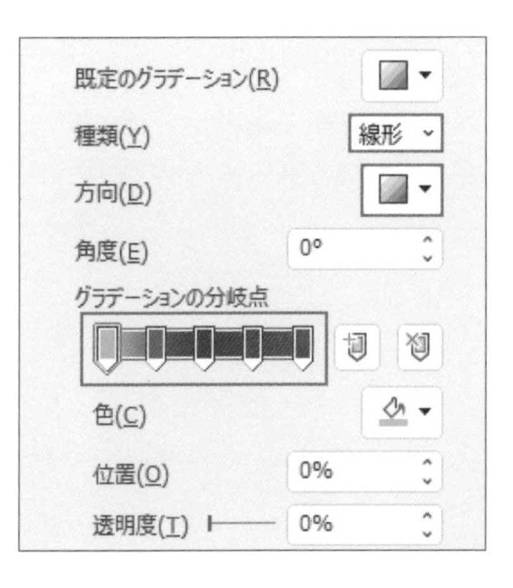

6 スライドの上部に配置した長方形のあしらいも、同様にグラデーションで塗ります。

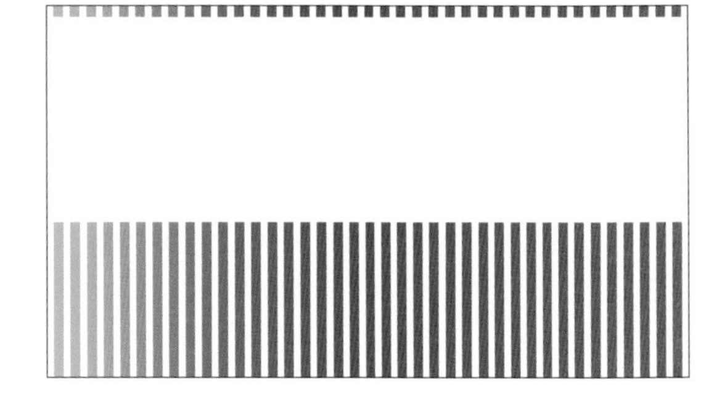

7 上部に配置した長方形のあしらいを右クリックして、表示されるメニューで［図として保存］を選び、デスクトップなどのわかりやすい場所に画像として保存します。同様に、下部の長方形も画像として保存します。

8 別のスライドを新規作成し、**7**で「図として保存」した上部と下部のあしらいを、新しいスライドの上部と下部にそれぞれ配置します。

9 ［ホーム］タブ→［図形描画］で［フローチャート：書類］を選び、3つ作成します。

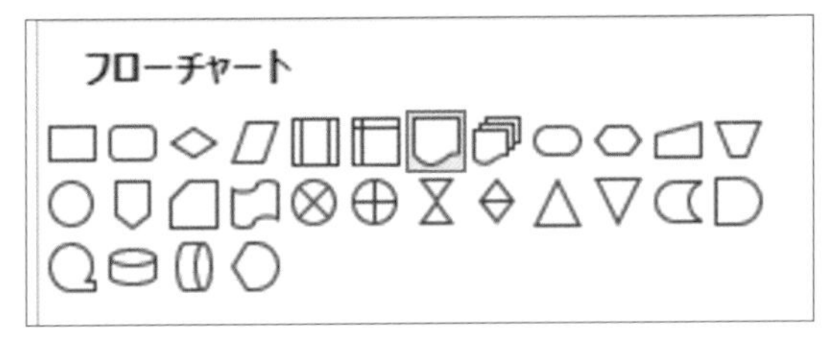

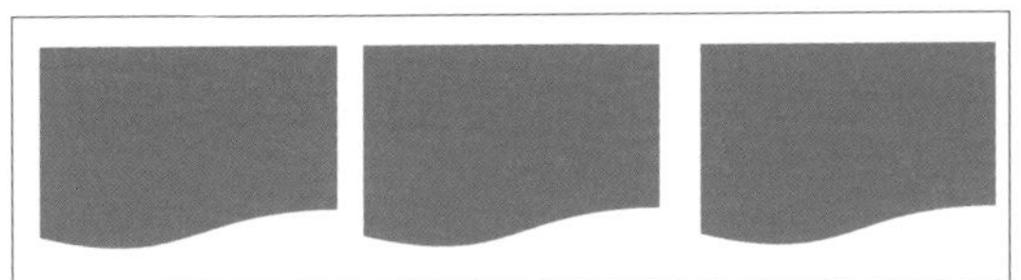

10 作成した3つのフローチャートを拡大し、下部の波形部分が重なり合うように並べます。このとき、中央のフローチャートを選択し、［図形の書式］タブ→［配置］→［回転］→［左右反転］を選択して左右反転させると、なめらかにつなげられます。

右へ 90 度回転(R)
左へ 90 度回転(L)
上下反転(V)
左右反転(H)
その他の回転オプション(M)...

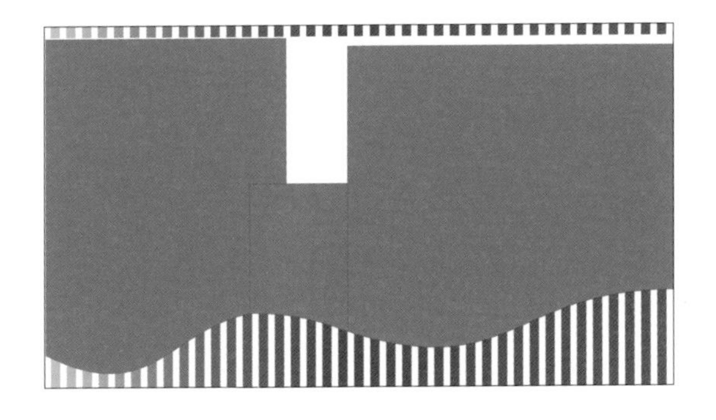

11 3つのフローチャートをすべて選択し、［図形の書式］タブ→［図形の挿入］→［図形の結合］→［接合］で1つの図形にします。

図形の結合
接合(U)
型抜き/合成(C)
切り出し(F)
重なり抽出(I)
単純型抜き(S)

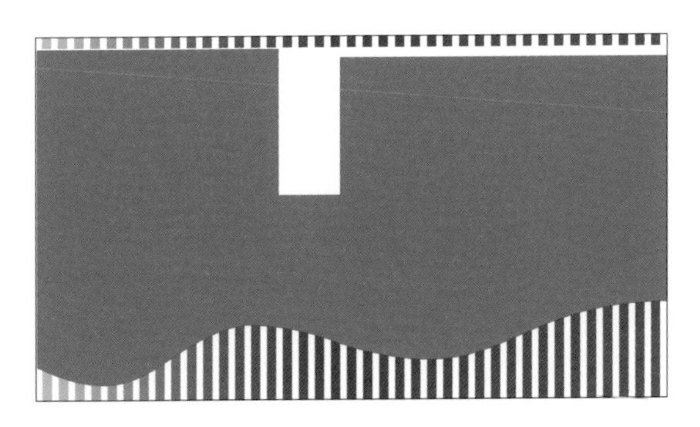

12 次に、Shift キーを押しながら、下部のあしらいと 11 で接合した図形の順でクリックして選択します。

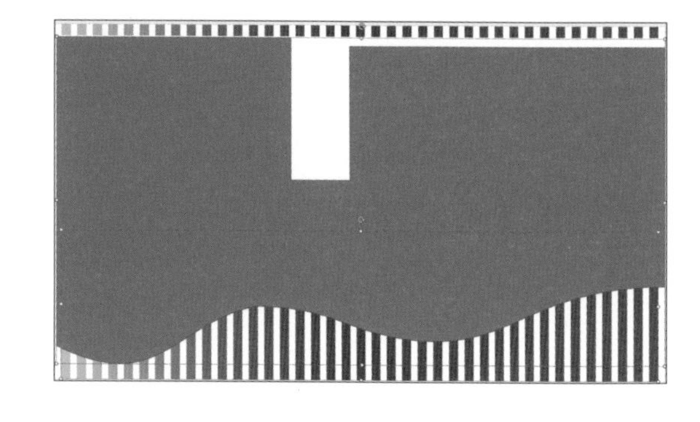

13 [図形の書式] タブ→ [図形の挿入] → [図形の結合] → [単純型抜き] をクリックし、下部のあしらいを波型に切り取ります。

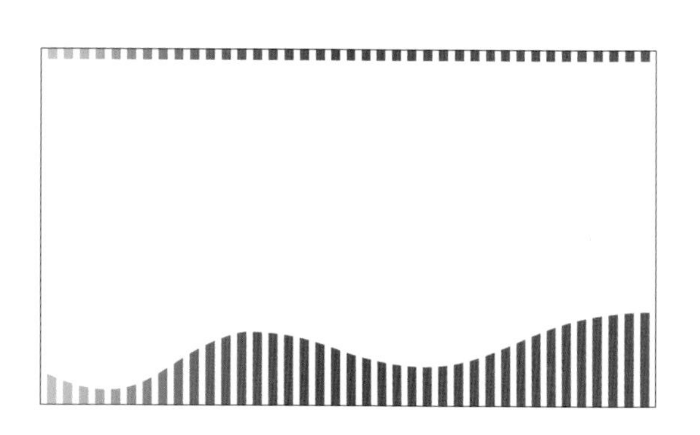

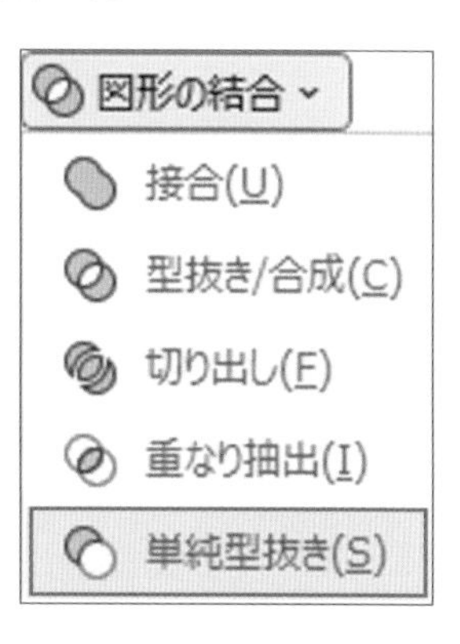

14 [デザイン] タブ→ [ユーザー設定] → [背景の書式設定] から [塗りつぶし] で、[塗りつぶし (グラデーション)] を選びます。[種類] は「線形」、[方向] は「斜め方向」に設定します。

15 ［グラデーションの分岐点］の矢印で、1つ目の矢印は「位置：50％／■（#22004C）」にします。2つ目の矢印は「位置：100％／■（#31006C）」にします。ホワイト□（#FFFFFF）でタイトルを入れ、完成です。

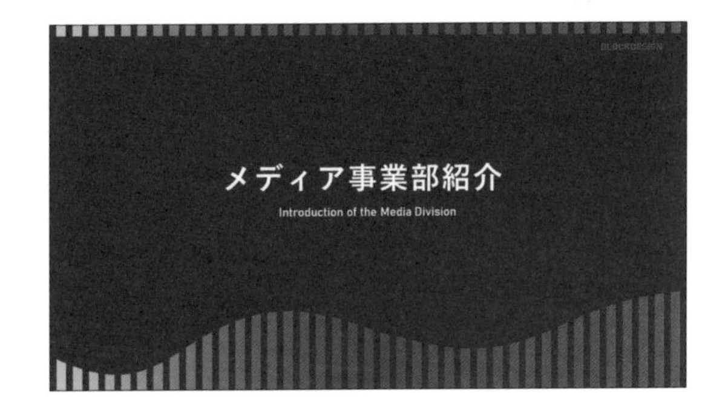

Other Variation

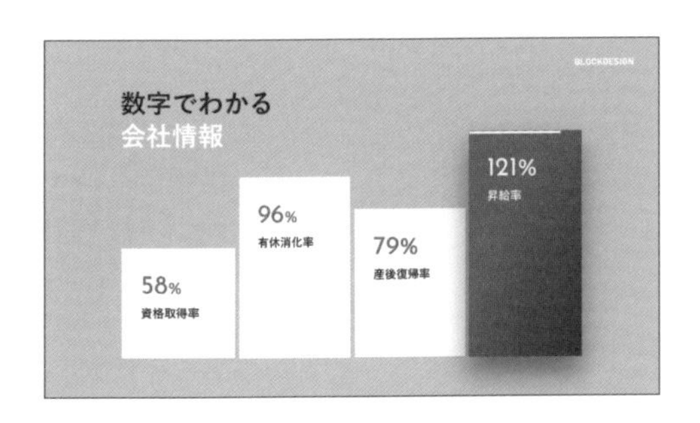

フラットなモノトーンベースのスライドも、棒グラフの一部を同系色のグラデーションで塗り、薄く影を付けることで、強調したい部分をセンスよく目立たせることができます。この作例ではグラデーションのグリーンと相性のよいチョコレートブラウンの文字で、ナチュラルにまとめました。

Column　美しいグラデーションの配色が見つかるWebサイト

美しいグラデ配色を探したい場合は、「Beautiful News」（https://informationisbeautiful.net/beautifulnews/）が参考になります。Ctrl＋Print Screenキーで画面のスクリーンショットを取得し、Ctrl＋Vキーで PowerPoint の画面に貼り付け、色の設定画面で［スポイト］からスクリーンショットの色を選べば、見やすく美しいグラデーション配色を作ることができます。

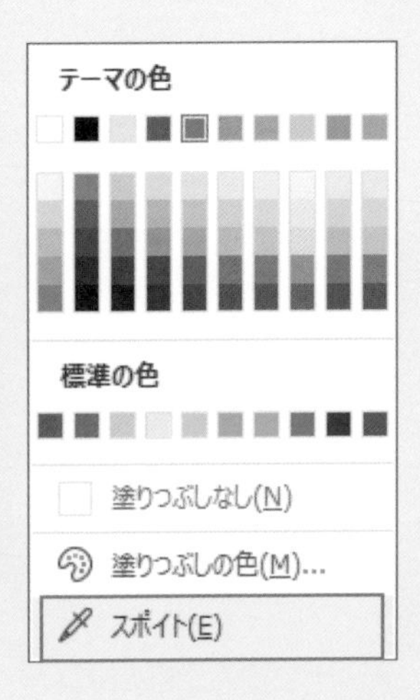

Column 配色を設定する

配色は PowerPoint デザインの印象を左右する、大きな要素の1つです。配色の作り方には、①カラーコードから選ぶ、②スポイトで選ぶ、③色を自由に作る、という3つの方法があります。①→②→③の順で難易度が高くなるので、まずは以下の手順を参考に、①のカラーコードから選ぶ方法に挑戦してみましょう。

1 たとえば図形の色を変える場合は、[ホーム] タブ→ [図形描画] → [図形の塗りつぶし] から好きな色を選びます。本書に掲載されているようなカラーコードを使用したい場合は、[塗りつぶしの色] をクリックします。

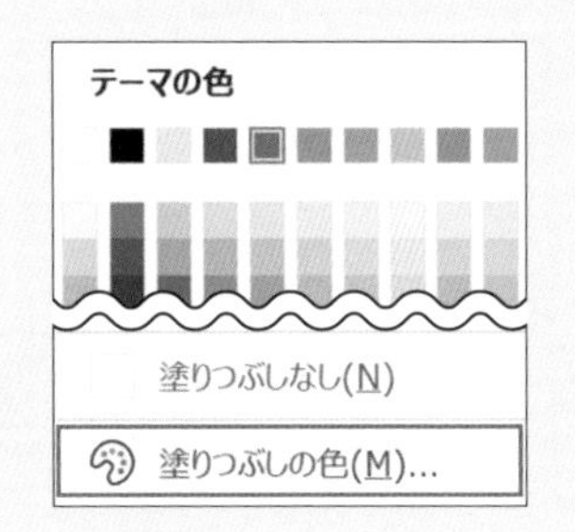

2 [色の設定] 画面が表示されたら、[Hex] にカラーコードを入力して [OK] をクリックすれば、カラーコードの色で塗ることができます。

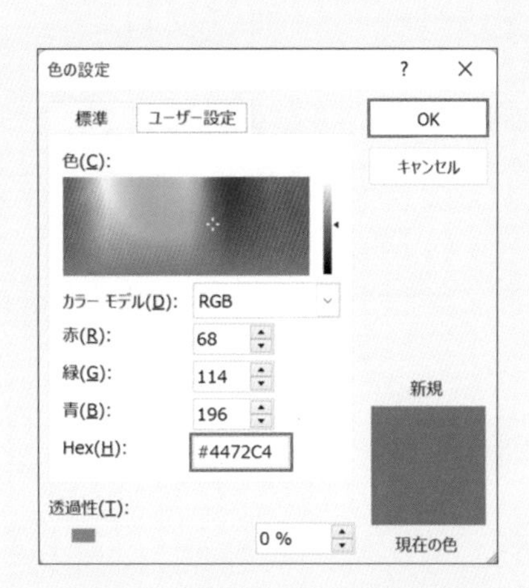

配色をスポイトで選ぶ手順は以下のとおりです。会社のロゴカラーなど、カラーコードがわからないものの似た配色にしたい場合などに便利です。写真やイラストなどのイメージから色を選んで、統一感のある PowerPoint を作る場合にもおすすめです。

1 [ホーム] タブ→ [図形描画] → [図形の塗りつぶし] から [スポイト] を選択し、色を取得したい部分をスポイトカーソルでクリックします。

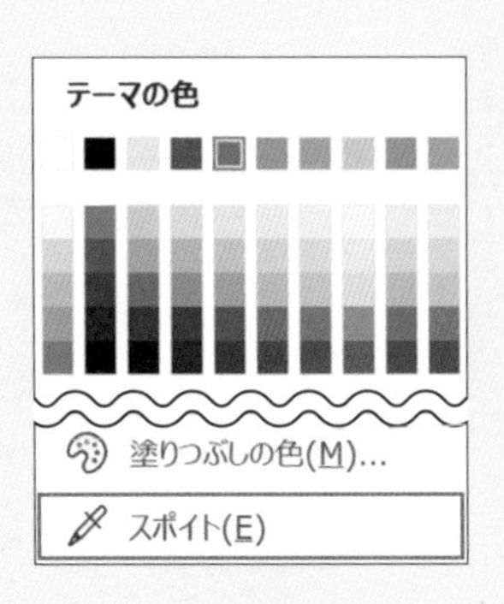

慣れてきたら、[色の設定] 画面を使って、色相 (赤・青・黄などの色合い)・彩度 (色の鮮やかさ)・明度 (色の明るさ) という3属性を調整し、自由に配色を作ってみましょう。

1 [ホーム] タブ→ [図形描画] → [図形の塗りつぶし] から [塗りつぶしの色] を選択して [色の設定] 画面を表示します。最初に、色相をカラーパレットの横方向から選択します。コーポレートカラーやテーマカラーなどの縛りがない場合は、青・赤・緑などの見やすい色を使うとよいでしょう。

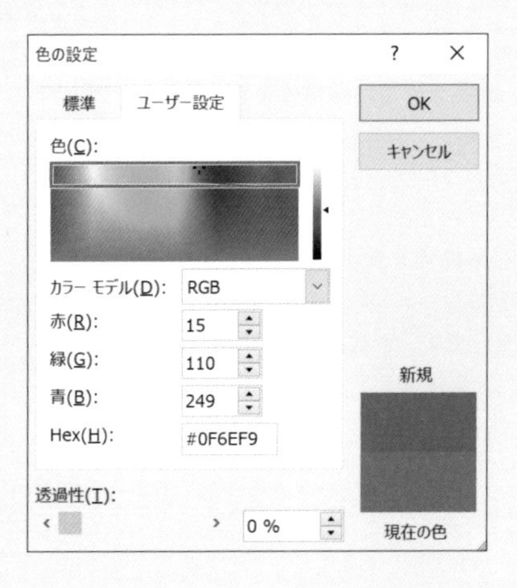

2 次に、彩度をカラーパレットの上下方向で調整します。カラーパレットの上部の色は彩度が高く、きつい印象を与えてしまうので、彩度を少し落として落ち着いた色味に調整します。

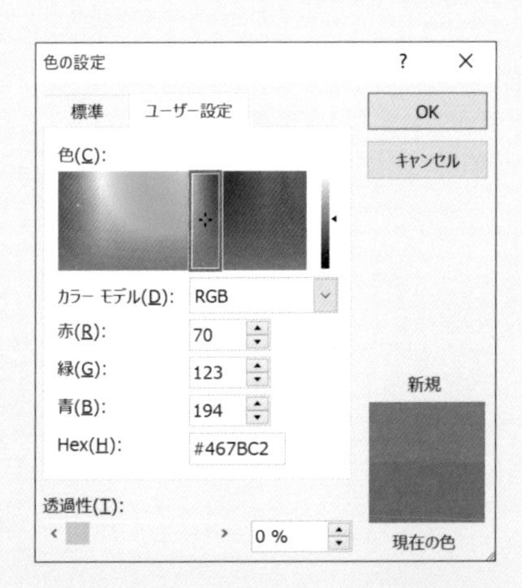

3 最後に、明度をカラーパレット右側のスライダーで調整します。明度や彩度の違う色をいくつか選んでトーンオントーンの配色を作ると、見やすく美しいPowerPointを作ることができます (→トーンオントーンについてはP.52参照)。

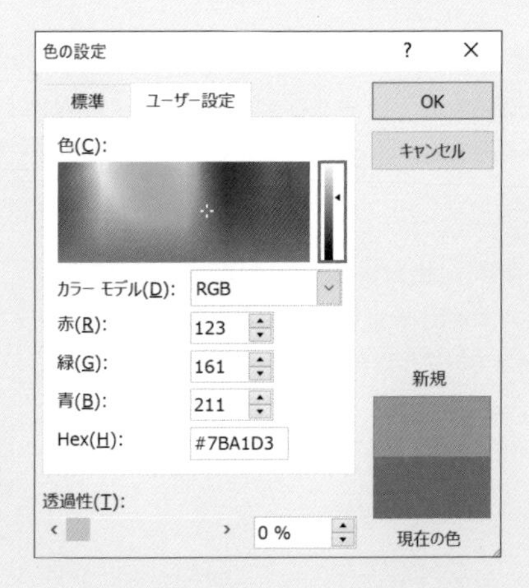

作成編

Chapter

文字を効果的に整える

PowerPoint のデザインを左右する重要な要素の 1 つは文字です。フォントの種類やサイズ、色使いなどの基本から、フォントの装飾といった応用まで、幅広くテクニックを押さえましょう。

作成編

01 フォントの種類を絞って読みやすいスライドを作る

Chapter4

複数のフォントをバランスよく組み合わせるのは難しいため、和文１種類・欧文１種類で作るのがおすすめです。

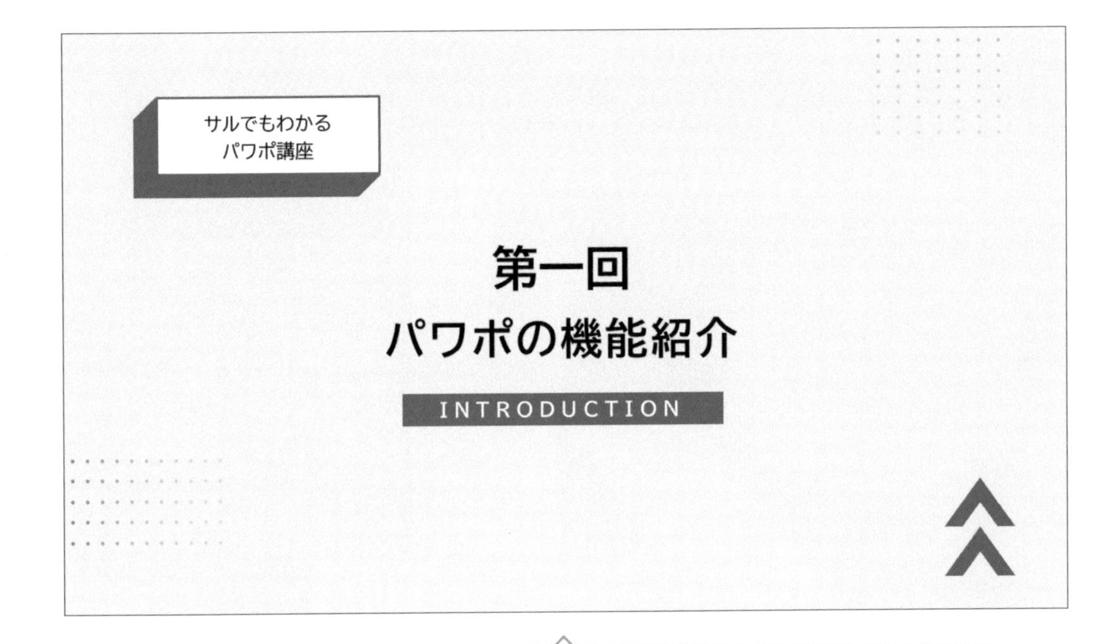

フォント｜ 和文：BIZ UDP ゴシック　欧文：BIZ UDP ゴシック
配色　■ #000000　□ #F2F2F2　■ #D1242A　□ #FFFFFF

作成方法

1 ［ホーム］タブ→［図形描画］から［正方形／長方形］を選択してドラッグし、長方形（サンプルでは高さ 2.5cm × 幅 7.6cm）を２つ作成します。長方形を右クリックし、［図形の書式設定］→［図形のオプション］→［塗りつぶしと線］を選択し、［線］の［幅］を「2pt」、［線の結合点］を「角」に設定します。

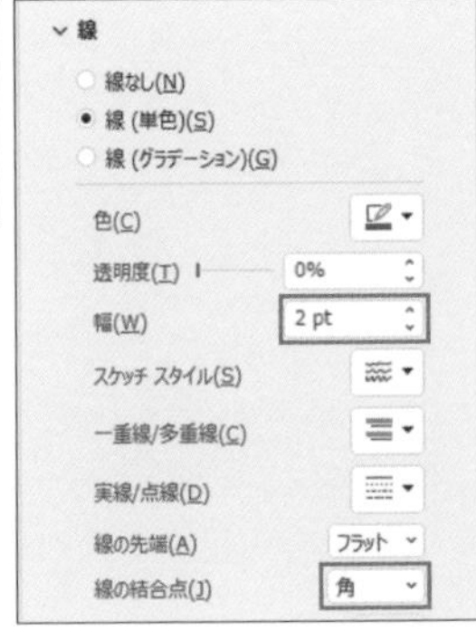

2 [ホーム] タブ→ [図形描画] から [三角形] を選択してドラッグし、三角形 (サンプルでは高さ0.7cm ×幅 1.5cm) を 2 つ作成します。[線] の [幅] は「2pt」、[線の結合点] は「面取り」に設定します。三角形をドラッグし、右のように片方の長方形の上にのせます。

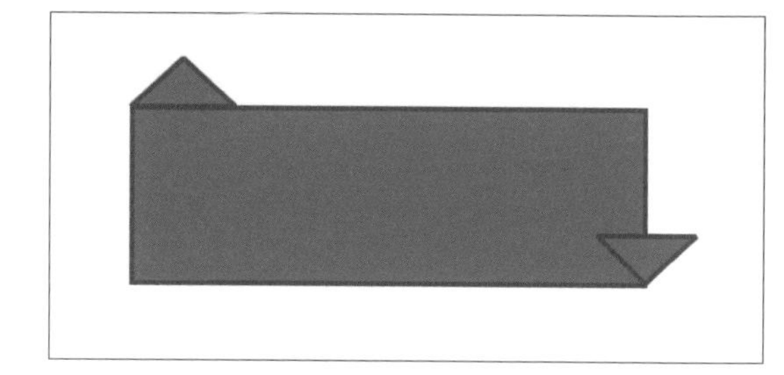

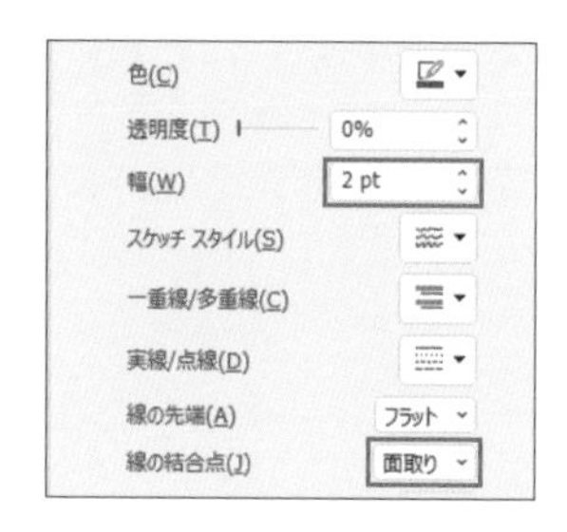

3 長方形 1 つと三角形 2 つをすべて選択し、[図形の書式] タブ→ [図形の挿入] → [図形の結合] から [接合] を選択して、1 つの図形にしておきます。

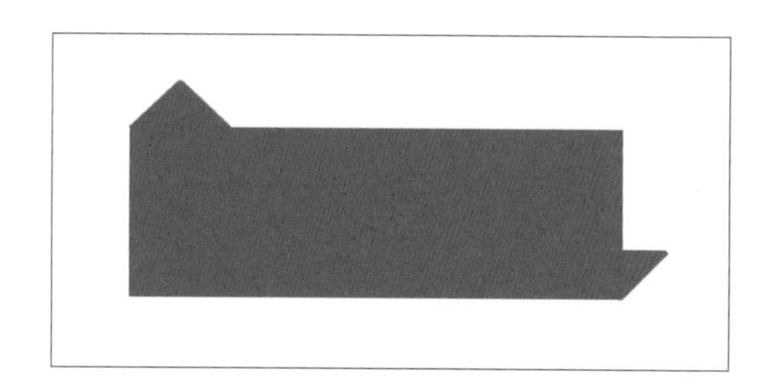

4 **1** で作成したもう 1 つの長方形をホワイト□ (#FFFFFF) で塗り、線の色をレッド■ (#D1242A) にします。

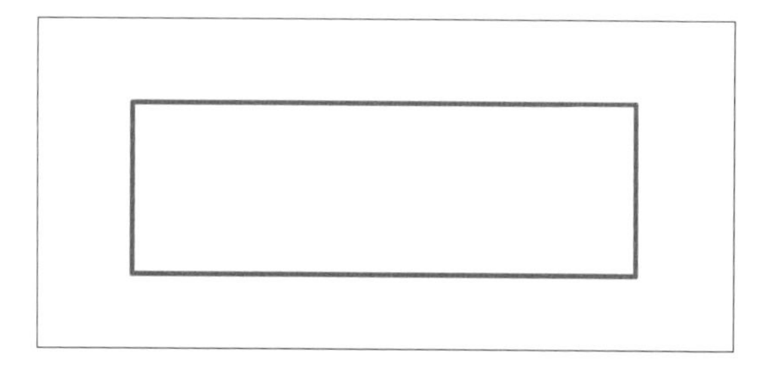

5 **3** で接合した図形の上にホワイトで塗った長方形をドラッグしてのせれば、立体的なあしらいが完成します。

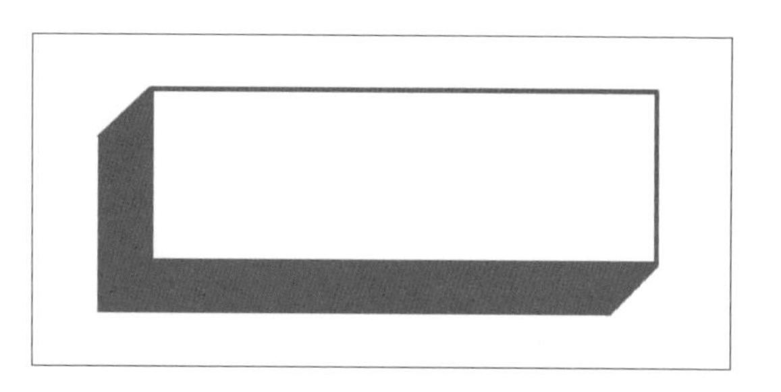

6 ［ホーム］タブ→［図形描画］から［テキストボックス］を選択してテキストボックスを開きます。「BIZ UDP ゴシック」「16pt」で「・」（なかぐろ）を入力し、横に11個、縦に5行並べます。［ホーム］タブ→［フォント］→［文字の間隔］で［より広く］を選択します。

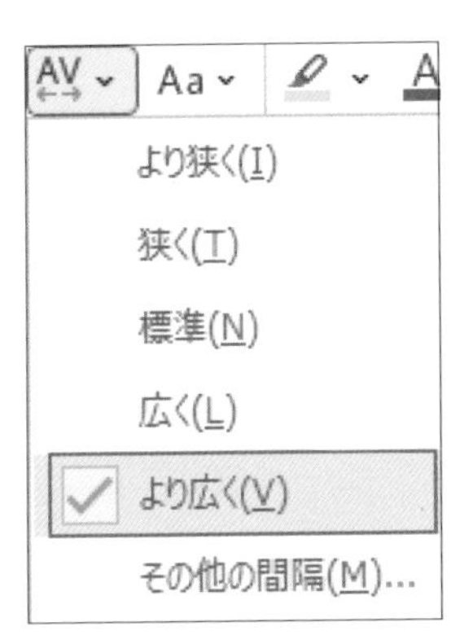

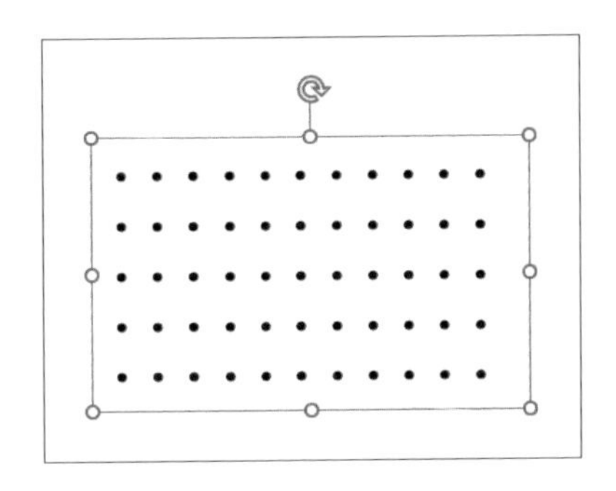

7 テキストボックスを右クリックして、［図形の書式設定］→［文字のオプション］→［文字の塗りつぶしと輪郭］→［文字の塗りつぶし（グラデーション）］を選択し、［種類］を「線形」、［方向］を「右方向」、［グラデーションの分岐点］を「位置：0%／■（#7F7F7F）」「位置：40%／■（#BFBFBF）」「位置：80%／■（#D9D9D9）」に設定して塗ります（→グラデーションの設定方法はP.38参照）。

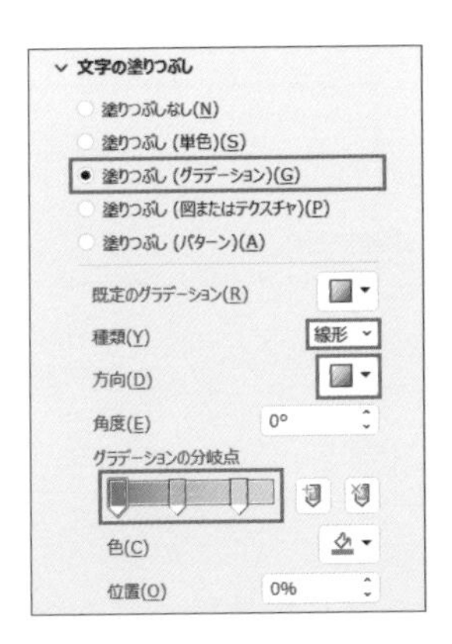

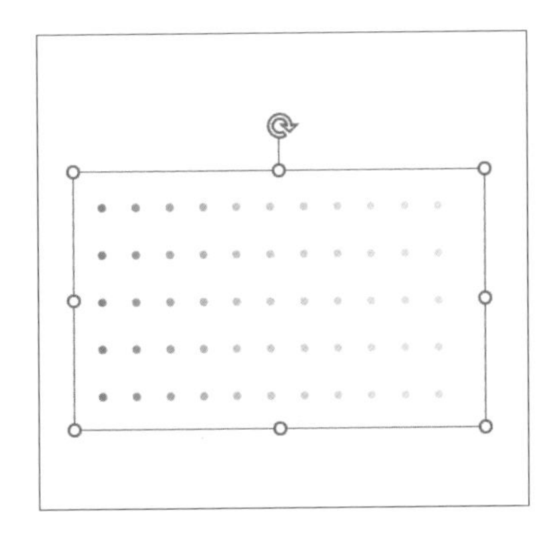

8 同様に、横11個×縦7行でドットのあしらいを作ります。Shift＋Ctrl＋Cキーで書式をコピーし、Shift＋Ctrl＋Vキーで貼り付けて、2のあしらいと同様に設定します。できたらオブジェクト上部の回転ハンドルをドラッグして右に90°回転させます。

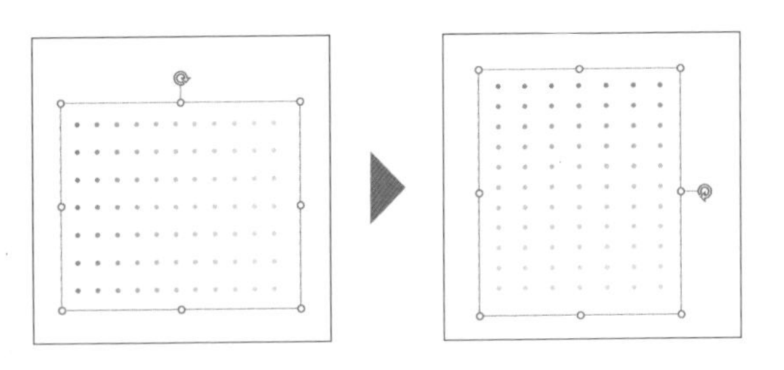

9 ［ホーム］タブ→［図形描画］から［三角形］を選択してドラッグし、三角形（サンプルでは高さ1.6cm ×幅 2.4cm）を 2 つ作成し、上下にずらして並べます。Shift キーを押しながら、上の三角形→下の三角形の順に選択し、［図形の書式］タブ→［図形の挿入］→［図形の結合］から［単純型抜き］を選択して、矢印のあしらいを作ります。

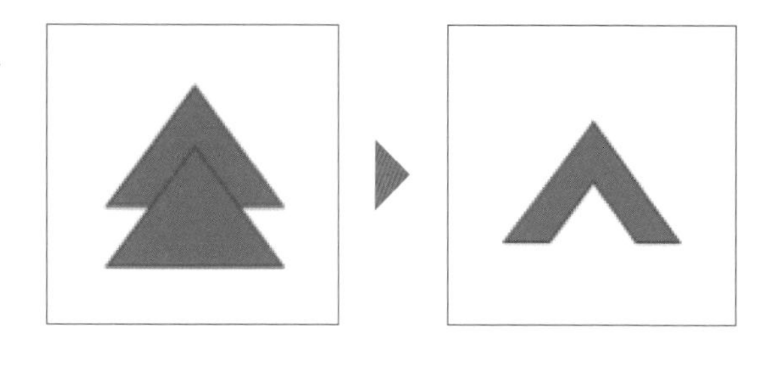

10 矢印のあしらいを右クリックし、［図形の書式設定］→［図形のオプション］→［塗りつぶしと線］→［線］から「線なし」を選択し、レッドで塗ったら、Ctrl + D キーで複製します。

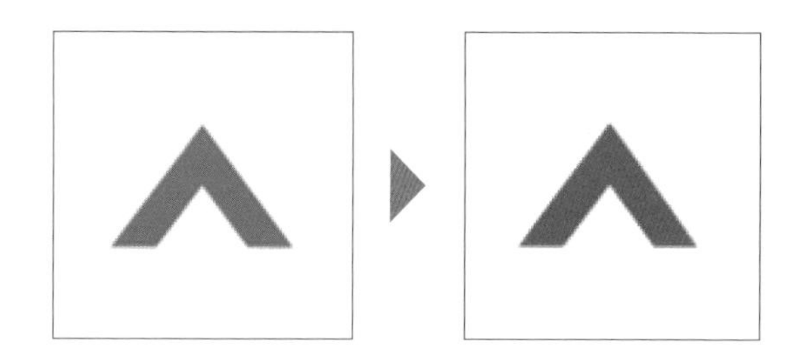

11 右のように、背景をライトグレー□（#F2F2F2）で塗り、立体的なあしらい・ドットのあしらい・矢印のあしらいを配置します。

12 テキストボックスを開き、［ホーム］タブ→［段落］から［中央揃え］を選択し、ブラック■（#000000）でタイトル文字を配置します。その下に長方形であしらいを作り、レッドで塗ります。

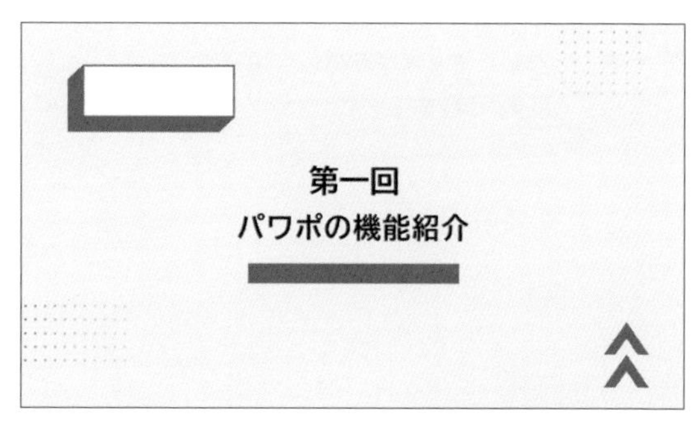

13 1行目の文字をドラッグで選択し、「BIZ UDP ゴシック」「44pt」「Bold」に設定します。

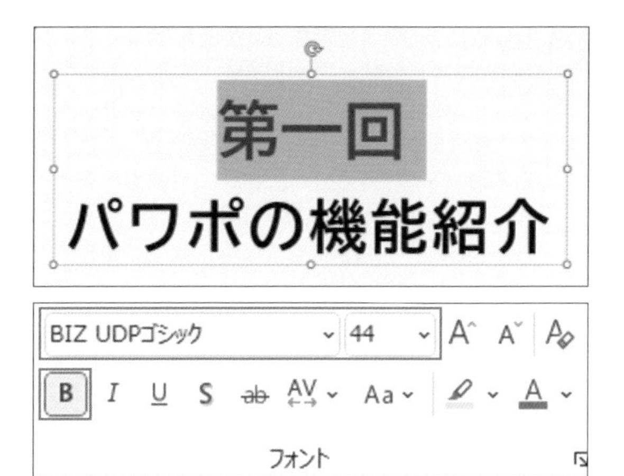

14 2行目の文字をドラッグで選択し、「BIZ UDP ゴシック」「40pt」「Bold」に設定します。

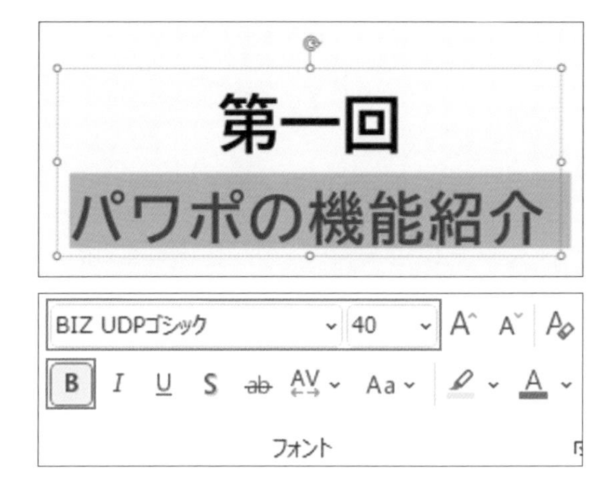

15 立体的なあしらいの上にテキストボックスを開き、ブラックで文字を配置し、「BIZ UDP ゴシック」「18pt」に設定します。

16 長方形のあしらいの上にテキストボックスを開き、ホワイトで文字を配置し、「BIZ UDP ゴシック」「18pt」に設定したら完成です。

Other Variation

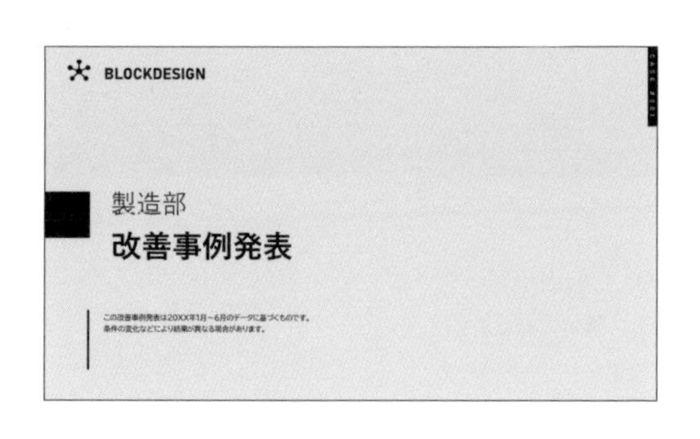

本文の作例では、和文と欧文を同じフォントで作成しましたが、通常、和文フォントは欧文の表示に向いていない場合が多いので、分けて設定します。こちらは和文「BIZ UDP ゴシック」と欧文「Bahnschrift」で作成した例です。サンセリフ体の中でも、美しくて視認性の高い DIN 系の欧文フォント「Bahnschrift」は、人気フォントの1つです。

Column 美しい行間の設定方法

文字を改行して 2 行以上にする場合は、[ホーム] タブ→ [段落] → [行間] → [行間のオプション] を選択し、[行間] を「倍数」、[間隔] を「1.2」に設定すると、美しく見えます。

段落 ? ×
インデントと行間隔(I) 体裁(H)
全般
配置(G): 中央揃え
インデント
テキストの前(R): 0 cm 最初の行(S): (なし) 幅(Y):
間隔
段落前(B): 0 pt 行間(N): 倍数 間隔(A) 1.2
段落後(E): 0 pt
タブとリーダー(T)... OK キャンセル

作成編

02

Chapter4

多様なフォントを効果的に使いこなす

読みやすいゴシック体（和文）とサンセリフ体（欧文）が基本ですが、明朝体、セリフ体、手書きなどで、さらにおしゃれにできます。

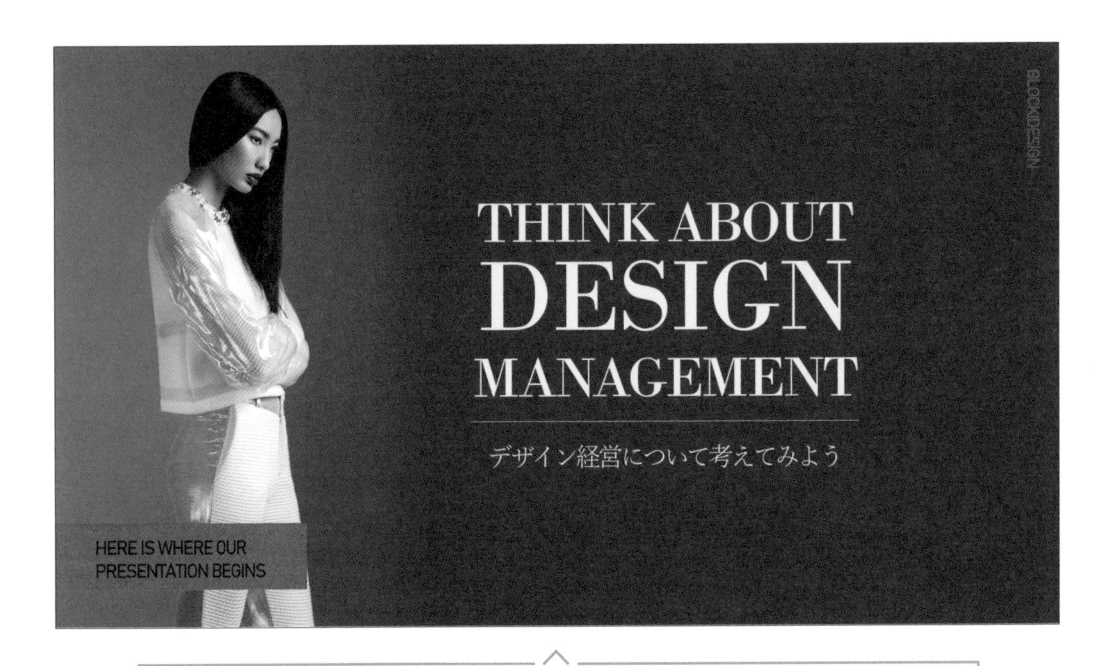

フォント｜ 和文：游明朝 Light　欧文：Bodoni MT ／ Bahnschrift
配色　□ #F5F7F5　■ #000000　■ #27282C　■ #C32C34

作成方法

1 ストック画像から好みの写真（サンプルは「モデル」で検索）を選び、背景に貼り付けます（→ストック画像の使用法は P.31 参照）。

2 [デザイン] タブ→ [ユーザー設定] → [背景の書式設定] → [塗りつぶしと線] → [塗りつぶし] → [塗りつぶし (単色)] → [色] から [スポイト] を選択し、ストック画像の背景をクリックして色を抽出し、背景色にします。サンプルでは右上のもっとも濃い色を抽出しました。

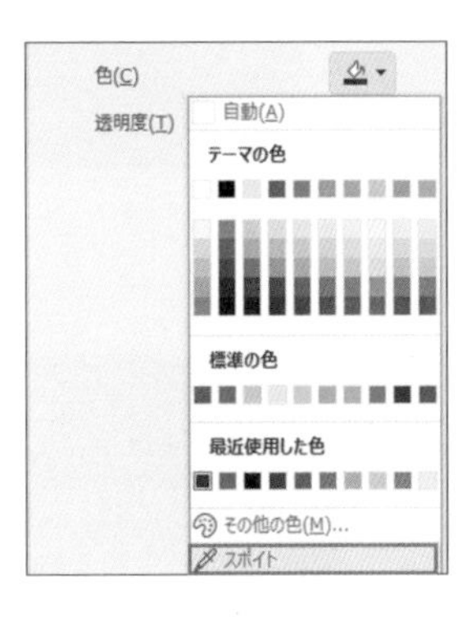

3 長方形 (サンプルでは高さ 19.05cm ×幅 3cm) を作成して、[図形の枠線] で [枠線なし] にし、ストック画像の右端にのせます。

4 長方形を右クリックして、[図形の書式設定] → [図形のオプション] → [塗りつぶしと線] → [塗りつぶし (グラデーション)] を選択し、[種類] を「線形」、[方向] を「右方向」、[グラデーションの分岐点] を「位置：30%／■ (#27282C) ／透明度：100%」「位置：100%／■ (#27282C) ／透明度：5%」に設定して塗ります (→グラデーションの設定方法は P.38 参照)。

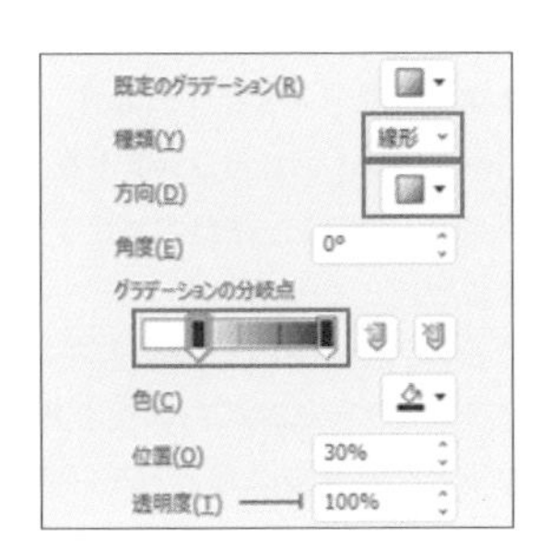

5 テキストボックスを開いてホワイト□（#F5F7F5）で文字を配置し、「Bodoni MT」（1行目と3行目は「54pt」、2行目は「96pt」）に設定します。テキストボックス全体を選択し、［ホーム］タブ→［フォント］→［文字の間隔］から［より狭く］に設定します。［ホーム］タブ→［段落］→［行間］→［行間のオプション］を選択し、［行間］を「倍数」、［間隔］を「0.8」に設定して、タイトル文字の密度を高めます。

6 テキストボックスの下にホワイトの横線（0.5pt）を引いたら、横線の下にホワイトで文字を配置して、「游明朝　Light」「24pt」に設定します。こちらも［ホーム］タブ→［フォント］→［文字の間隔］から［より狭く］に設定します。

7 左下に長方形のあしらいを作成してレッド■（#C32C34）で塗り、ブラック■（#000000）の文字を「Bahnschrift」「18pt」「文字の間隔：狭く」「行間：1.0」で配置します。右上にもレッドで文字を「Bahnschrift」「16pt」「文字の間隔：狭く」で配置すれば完成です。

Other Variation

手書きフォントをあしらいとして使用すれば、抜け感のあるスライドが作れます。ここでは「Shadows Into Light」というフォントをリゾート感のある写真の上に重ね、休日のリラックス感を演出してみました。
※このスライド内で使われている写真は、ストックフォトサービスのものを利用しています。ダウンロードデータには含まれていません。

作成編

03

Chapter4

構造がひと目でわかる箇条書きスライドにする

箇条書きでは、各項目の文字量を同じくらいに調節して縦横のラインを揃え、項目の階層ごとのフォントサイズを統一しましょう。

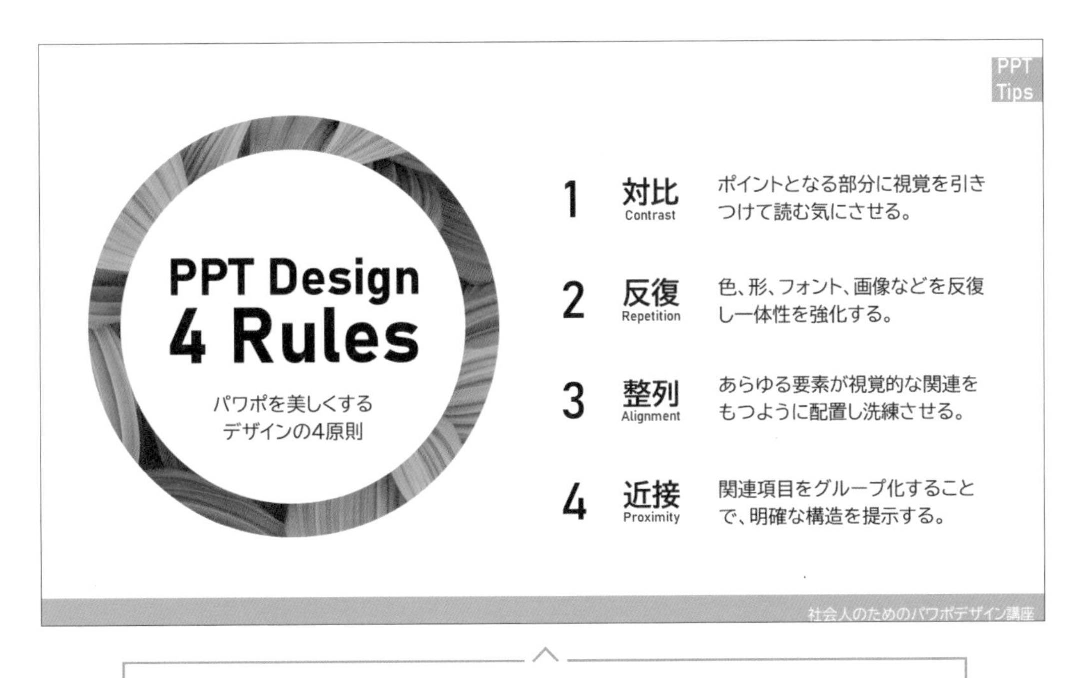

フォント｜ 和文：BIZ UDP ゴシック　欧文：Bahnschrift

配色　■ #0D0D0D　□ #FFFFFF　■ #72AB76

作成方法

1 ストック画像から好みの写真（サンプルは「葉」で検索）を選んで貼り付けます（→ストック画像の使用法は P.31 参照）。

2 写真の上に楕円（サンプルでは高さ 13.8cm ×幅 13.8cm）を作ってのせます。

3 Shift キーを押しながら、写真→楕円の順に選択し、[図形の書式] タブ→ [図形の挿入] → [図形の結合] から [重なり抽出] を選択して、写真を正円の形に切り抜きます。

4 正円のあしらいを左側に配置し、その上に、楕円で正円（サンプルでは高さ 11.6cm ×幅 11.6cm）を作ります。右クリックして [図形の書式設定] → [図形のオプション] → [塗りつぶしと線] → [線] から [線なし] を選択し、ホワイト□（#FFFFFF）で塗ります。

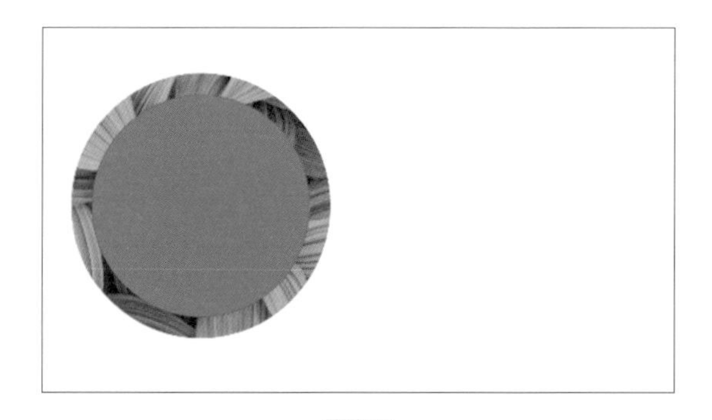

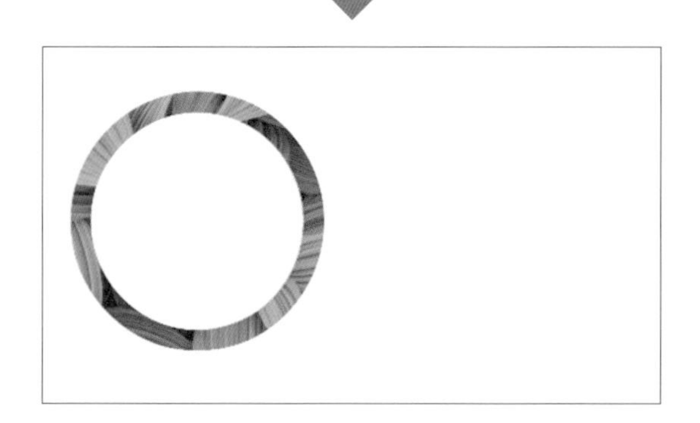

5 正円のあしらいの上にテキストボックスを開き、ブラック■（#0D0D0D）でタイトルを入力します。サンプルでは、欧文の1行目は「Bahnschrift」「48pt」「Bold」、2行目は「Bahnschrift」「72pt」「Bold」に設定し、それぞれ別のテキストボックスを使って行間を調整しています。和文は「BIZ UDP ゴシック」「18pt」「行間：1.2」に設定します。

6 箇条書きのコンテンツをブラックで入力します。数字を「Bahnschrift」「48pt」で作成し、その横の和文は「BIZ UDP ゴシック」「28pt」「Bold」、欧文は「Bahnschrift」「13pt」で入力し、縦に並べます。文章は「BIZ UDP ゴシック」「18pt」で作成し、左揃えにします。すべてのテキストボックスをバランスよく配置したら、Ctrl + G キーでグループ化します。

7 グループ化したテキストボックスを Ctrl + D キーで複製して4つにし、すべて選択して、［図形の書式］タブ→［配置］→［配置］から［上下に整列］を選択して等間隔に配置します。

左揃え(L)
左右中央揃え(C)
右揃え(R)
上揃え(T)
上下中央揃え(M)
下揃え(B)
左右に整列(H)
上下に整列(V)

8 各テキストボックスの文字を、項目に応じて書き換えます。

9 グリーン■（#72AB76）の長方形（サンプルでは高さ1.5cm×幅1.8cm／高さ0.9cm×幅33.87cm）で、右上と下部にあしらいを作ります。あしらいの上にテキストボックスを開き、ホワイトで文字をのせたら完成です。サンプルでは、右上のあしらいは「Bahnschrift」「20pt」「行間：1.0」、下部のあしらいは「BIZ UDP ゴシック」「14pt」で入力しています。

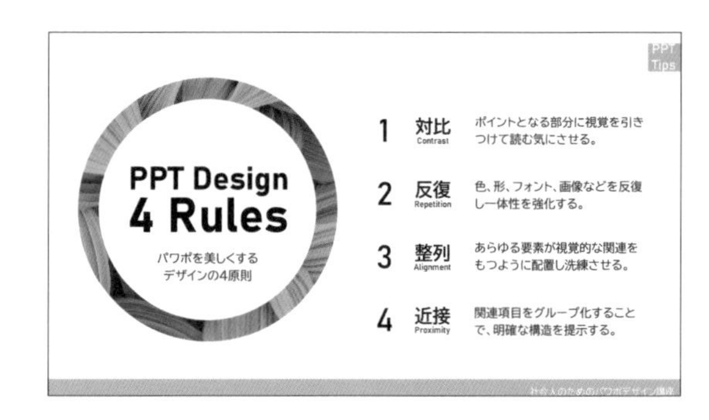

Other Variation

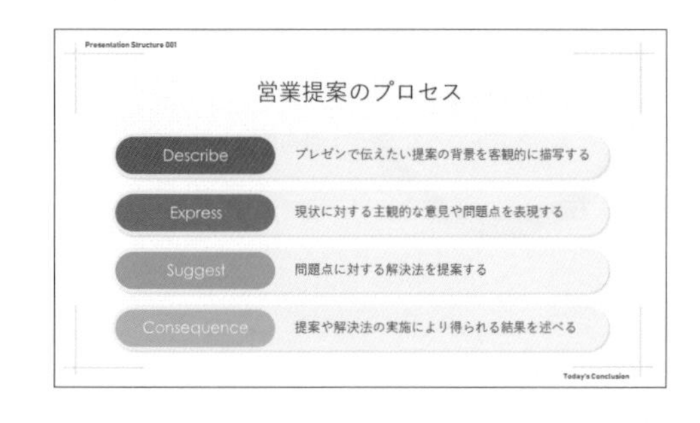

箇条書きに、トーンオントーンの配色に塗ったあしらいを付けると、クールにまとまります。この例では、方眼紙のような背景の上に、角丸四角形に影を付けた立体的な囲みを作りました。シンプルながらもデザインにひと手間かけることで、ほかのスライドとは違った印象にすることができます。

作成編

04

Chapter4

スライドからはみ出すぐらい大きな文字を使う

文字を斜めに配置し、スライドから少しはみ出すほど大きいフォントにすれば、インパクトのあるスライドを作ることができます。

フォント｜ 和文：游ゴシック　欧文：Bahnschrift
配色　□ #F2F2F2

作成方法

1 ストック画像から好みの写真（サンプルでは「地球」で検索）を選び、背景に貼り付けます（→ストック画像の使用法は P.31 参照）。

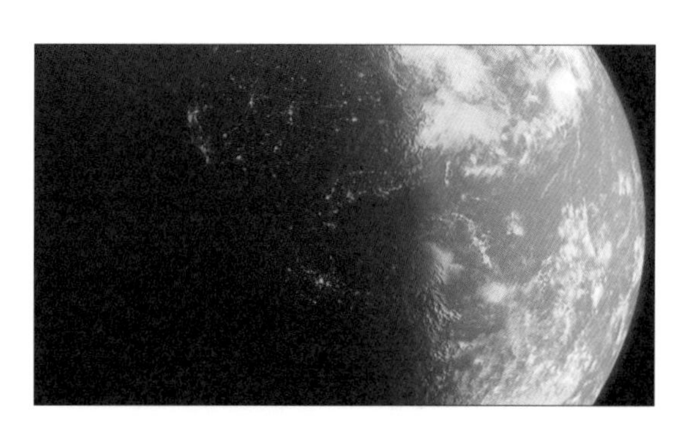

2 写真の上にテキストボックスを開き、ホワイト□（#F2F2F2）で文字（游ゴシック／120pt／Bold）を入力します。

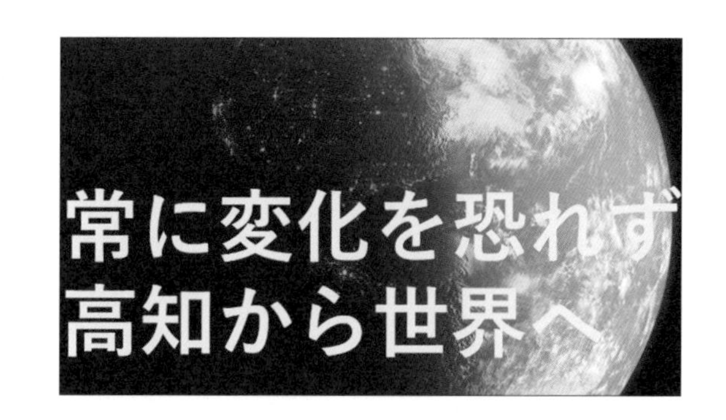

3 テキストボックスを右クリックし、［図形の書式設定］→［図形のオプション］→［サイズとプロパティ］→［サイズ］から［回転］を「352°」に設定して、少しだけスライドからはみ出すようにレイアウトを調整します。

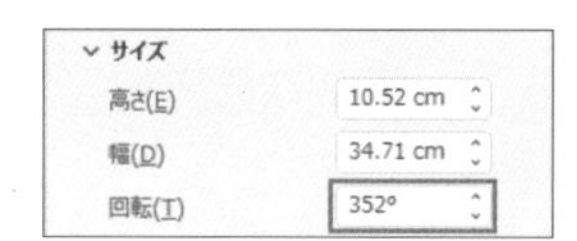

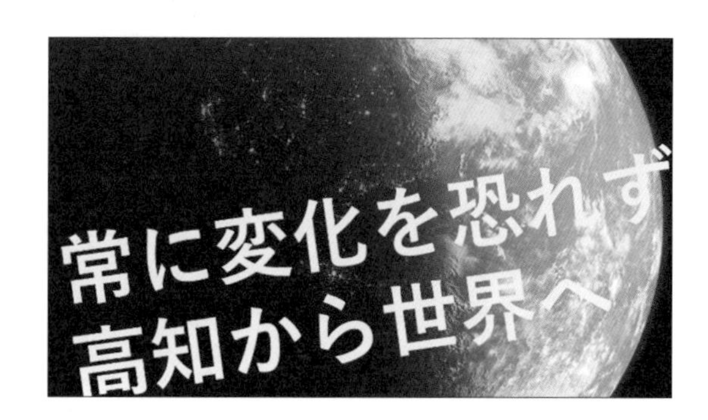

4 左上にホワイトの文字（Bahnschrift／20pt／行間：1.0）であしらいを作成したら完成です。

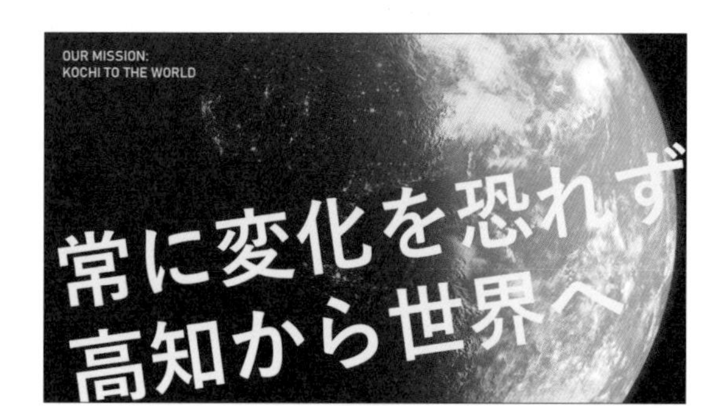

Other Variation

モノクロ写真にブラックのあしらいを付けたモノトーンベースのスライドを作り、目立たせたい単語だけ色を変えました。少し面倒ですが、このように1文字ずつ異なるテキストボックスに文字を入れて角度を変え、動きのあるレイアウトにすると、インパクトを出すことができます。

作成編

05

Chapter4

切り抜き文字で印象的なスライドを作る

背景画像を文字の形に切り抜いて、後ろにイラストや写真などのイメージを配置すれば、印象的なスライドを作ることができます。

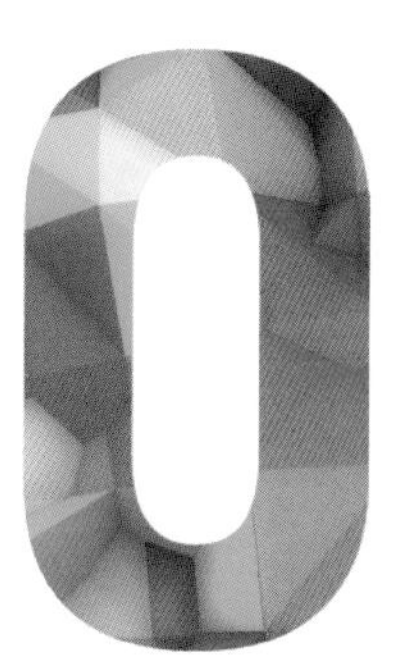

フォント｜ 和文：BIZ UDP ゴシック　欧文：Bahnschrift
配色　■ #0D0D0D　■ #3B3838　□ #FFFFFF　■ #D4086D

作成方法

1 ストック画像から好みの写真（サンプルでは「カラフル　抽象」で検索）を選び、背景に貼り付けます（→ストック画像の使用法は P.31 参照）。

2 長方形（サンプルでは高さ19.05cm × 幅33.32cm）を作成し、[図形の書式設定] で「線なし」にし、ホワイト□（#FFFFFF）で塗って長方形のマスクを作成します。

3 テキストボックスを開いて文字（Bahnschrift／390pt／Bold）を入力します。Shift キーを押しながら長方形→テキストボックスの順に選択し、[図形の書式] タブ→ [図形の挿入] → [図形の結合] から [型抜き] を選択して、長方形のマスクを文字の形に型抜きします。

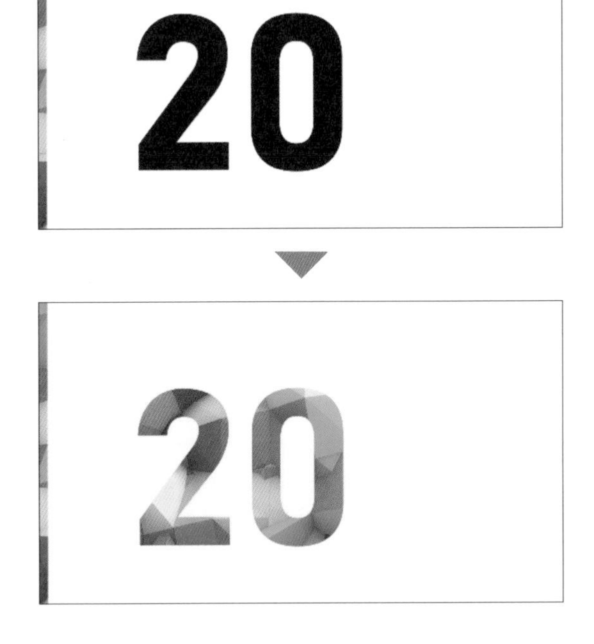

4 型抜きした切り抜き文字の横に、バランスよくブラック■（#0D0D0D）の文字をレイアウトします。

5 別のスライドを開いて、［ホーム］タブ→［図形描画］→［ブロック矢印］から［矢印：山形］を選択して矢印（サンプルでは高さ 1.8cm ×幅 3.2cm）を作り、左に 90°回転させます。

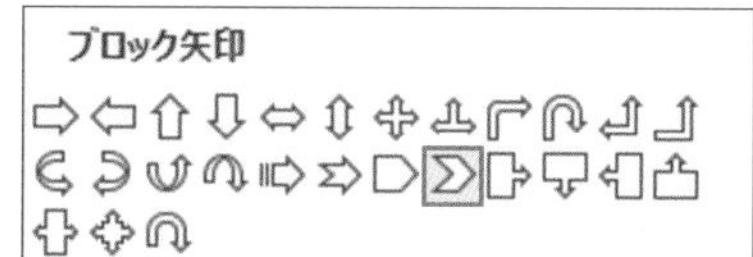

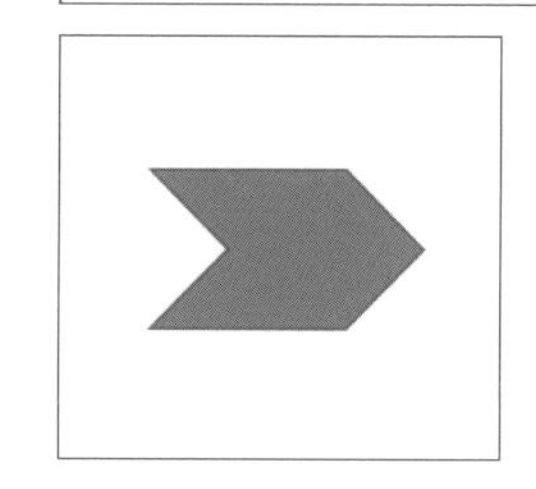

6 図形をクリックすると表示される黄色い丸を上方向にドラッグして形を調整し、リボンのあしらいを仕上げます。

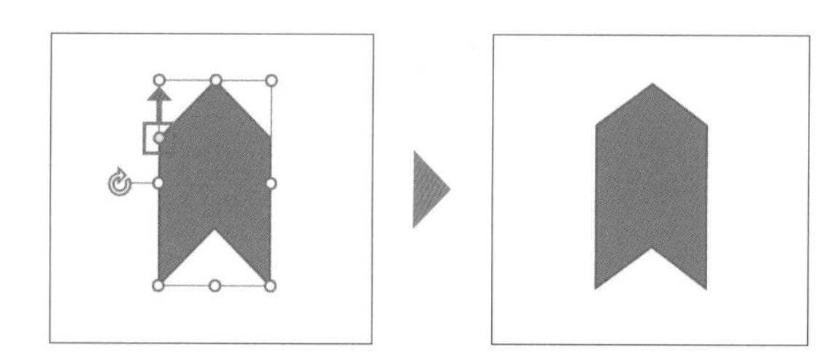

7 切り抜き文字のスライドに戻り、右上に 6 で作ったリボンのあしらいを配置します。

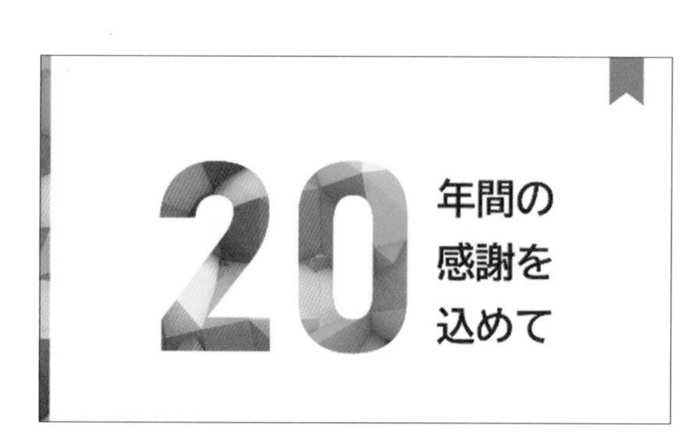

8 リボンのあしらいをピンク■（#D4086D）で塗り、影を付けます（→影の設定方法は P.47 を参照）。

9 余裕があれば背景画像をドラッグで調整し、数字やあしらいが美しく見える配置にしてみましょう。

Other Variation

ブルートーンの建物写真の上に、文字を切り抜いた白いマスクをのせた作例です。マスクのサイズを少し小さめにして、写真の見える面積を増やすと、写真の持つ空気感が伝わるスライドになります。

作成編

06

Chapter4

版ズレ風のデザインで遊び心を伝える

飽きずに見てもらえるよう、文字をわざと版ズレさせたりして、エッジの効いたユニークなスライドに仕上げましょう。

フォント｜和文：游ゴシック　欧文：Bahnschrift
配色　□ #FFFFFF　■ #20F2F7　■ #F71041　■ #000000

作成方法

1 スライドの背景をブラック■（#000000）で塗り、その上にテキストボックスを開いて、ネオンブルー■（#20F2F7）の文字（游ゴシック／120pt／Bold）を作ります。［ホーム］タブ→［フォント］→［文字の間隔］から［より広く］を選択します。

2 テキストボックスを開き、同様にネオンピンク■（#F71041）の文字を作り、ネオンブルーの文字の右下に少しずらして重ねます。サンプルでは、ネオンピンクの文字を選択し、→ キーを 6 回、↓ キーを 6 回押してずらしています。

3 スライドのサムネイルをクリックしてから Ctrl + C キーを押してコピーし、Ctrl + V キーを押して貼り付けて、同じスライドをもう 1 つ作っておきます。

4 Shift キーを押しながら、ネオンブルーの文字→ネオンピンクの文字の順に選択し、[図形の書式] タブ→ [図形の挿入] → [図形の結合] から [重なり抽出] を選択します。

5 できた図形をホワイト□（#FFFFFF）で塗ります。作成した図形を、**3** でコピーしておいたスライドの上にのせれば、版ズレしたタイトル文字の完成です。

6 新しいスライドでテキストボックスを開いて、ホワイトでロゴにしたい文字（Bahnschrift ／ 10.5pt ／ Bold）を作成します。［ホーム］タブ→［フォント］→［文字の間隔］から［広く］を選択します。

7 テキストボックスのサイズを調整（サンプルでは高さ 2.6cm ×幅 2.6cm）し、［図形の書式］タブ→［ワードアートのスタイル］→［文字の効果］→［変形］→［枠線に合わせて配置］から［円］を選択して、輪っか文字を作ります。

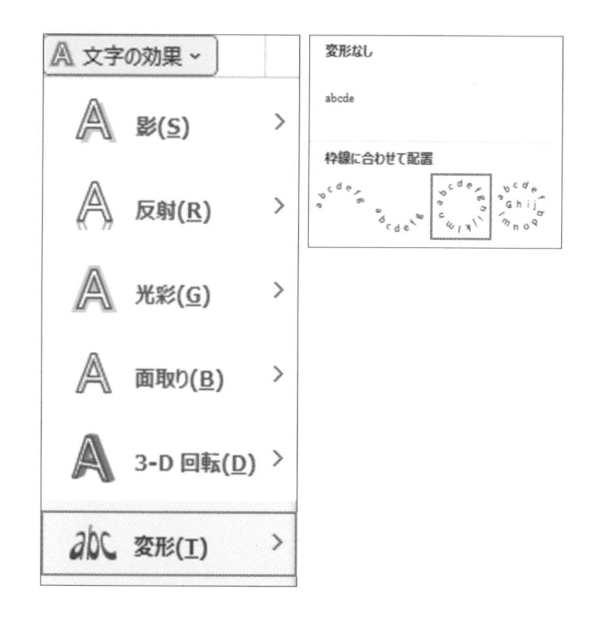

8 輪っか文字の中央にアイコンを挿入します（→アイコンの挿入方法は P.133 を参照）。

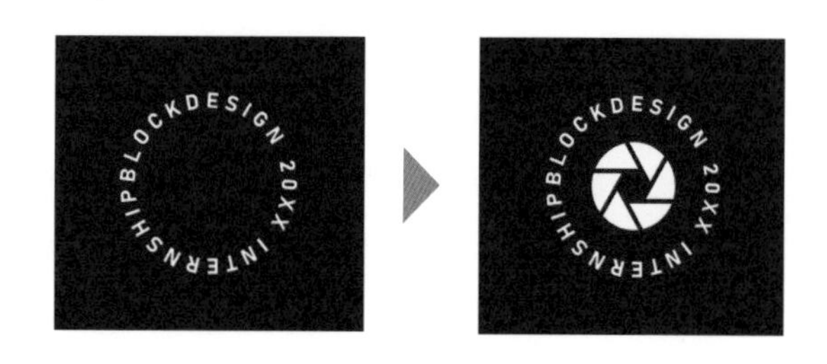

9 版ズレしたタイトル文字の上に長方形のあしらいを作り、[図形の書式設定] で「塗りつぶしなし」、[線] の [幅] を「2.75pt」に設定し、ホワイトの文字（游ゴシック／18pt／Bold／文字の間隔：より広く）で説明を入力します。タイトルの下に「線なし」で同様に長方形のあしらいを作り、ホワイトの文字（游ゴシック／20pt／Bold）で説明を入力します。

10 ホワイトでドットのあしらいを作って左上に配置します（→ P.40 参照）。右下には、輪っか文字のロゴを配置します。

11 文字と同様にあしらいも色ズレさせれば、さらにカッコよく仕上がります。

Other Variation

EVERY MORNING
WE MAKE
20 KINDS OF DONUT
SINCE 1976
私たちは30年以上、毎朝20種類のドーナツを作り続けています

古きよきドーナツ屋さんの張り紙のようなイメージで作った、レトロ感あふれるスライド例。クラフトペーパーに印刷した文字が版ズレしたようなデザインにすることで、メッセージに暖かみを加えることができます。

作成編

07

Chapter4

文字にあしらいを付けて伝えたい部分に注目させる

バンザイ、白抜き文字、正方形の囲みなどのあしらいを付ければ、伝えたい部分の文字に注目させることができます。

BLOCKDESIGN

＼ パワポにこなれ感をだそう ／

背景デザインが簡単に
つくれる無料サイト3選

フォント｜和文：BIZ UDP ゴシック　欧文：Bahnschrift

配色　■ #0D0D0D　■ #E84A69　□ #FFFFFF　■ #CCD618

作成方法

1 ［ホーム］タブ→［図形描画］から［四角形：上の2つの角を丸める］を選択して上部のあしらい（サンプルでは高さ1cm×幅33.87cm）を作成し、180°回転させて、ブラック■（#0D0D0D）で塗ります。下部のあしらいは長方形（高さ1cm×幅33.87cm）で作り、レタスグリーン■（#CCD618）で塗ります。

2 上部のあしらいの上に、ホワイト□（#FFFFFF）の文字（Bahnschrift ／ 14pt ／ Bold）でロゴを入力します。右上には、レタスグリーンの楕円（サンプルでは高さ 0.4cm ×幅 0.4cm）を 3 つ並べてあしらいを作ります。

3 テキストボックスを開き、ブラックの文字（BIZ UDP ゴシック／ 25pt ／ Bold ／文字の間隔：より広く）でサブタイトルを入力します。

4 文章の前にバックスラッシュ（＼）とスペースを入力します。文章の後にスペースとスラッシュ（／）を入力すれば、バンザイのあしらいができます。

5 メインのタイトルも同様に、テキストボックスにブラックの文字（BIZ UDP ゴシック／ 36pt ／ Bold ／文字の間隔：より広く）で作成します。

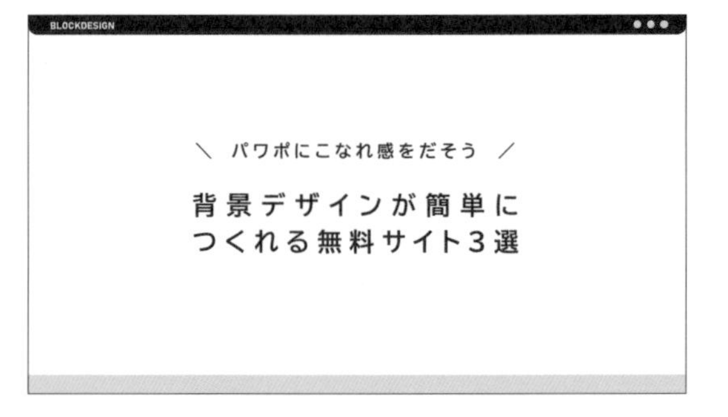

6 白抜き文字にしたい文字をドラッグし、グレーアウトさせて選択します。選択した文字の色をホワイトに変更します。

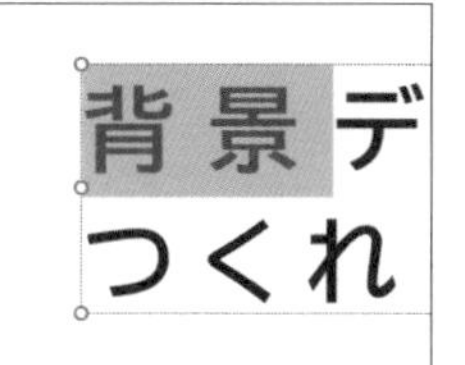

7 ブラックで正方形（サンプルでは高さ 1.5cm × 幅 1.5cm）を 2 つ作って、ホワイトにした文字の上にのせます。図形を右クリックし、［最背面へ移動］をクリックして文字の後ろに配置します。

背景デ
つくれ

BLOCKDESIGN
＼ パワポにこなれ感をだそう ／
背景デザインが簡単に
つくれる無料サイト3選

8 色を変更したい文字にカーソルを合わせて選択し、ピンク■（#E84A69）で塗れば完成です。

BLOCKDESIGN
＼ パワポにこなれ感をだそう ／
背景デザインが簡単に
つくれる無料サイト3選

Other Variation

こちらの例では文字を四角形のかわりに正円で囲み、柔らかく親しみやすい雰囲気にしてみました。「教室」という文字の右側に三本線のあしらいを添えることで、教室から人の声がしてくるような、活気が感じられるデザインになりました。

作成編

08

Chapter4

ひと手間を惜しまずテキストボックスを美しく見せる

テキストボックスに色を付けるのではなく、長方形の上にテキストボックスを開いて文字をのせると、バランスよく仕上がります。

4つのクワドラントから学ぼう

どちらを選ぶ？

労働収入 VS 権利収入

安定した人生を送るか？
リスクをとって挑戦するのか？

フォント｜和文：BIZ UDP ゴシック　欧文：BIZ UDP ゴシック／Impact

配色 ■ #0D0D0D □ #F2F2F2 □ #FFFFFF ■ #0286E3 ■ #DF010C

作成方法

1 テキストボックスを開き、ブラック■(#0D0D0D)で好みの文字(Impact／80pt)を入力します。

INVESTOR
EMPLOYEE
SELF EMPLOYEE
BUSINESS OWNER

2 テキストボックスをランダムに配置していきます。ある程度の大きさになったら、Ctrl + G キーでグループ化して複製します。

3 背景をすべて埋め尽くしたら、文字をライトグレー□（#F2F2F2）で塗ります。背景の配色を淡い色合いにすることで、上に配置する文字とのコントラストが強まって読みやすくなります。

4 ブラックで長方形（サンプルでは高さ 17cm × 幅 40cm ／透明度：90%）を作り、斜めに回転（331°）させて、スライドの右下半分を覆うように配置します。

5 長方形（サンプルでは高さ 1.4cm × 幅 14.5cm）を 1 つ、三角形（高さ 0.8cm × 幅 1.5cm）を 2 つ作ります。

6 長方形の両端に、頂点が向かい合うように三角形をのせます。

7 Shift キーを押しながら、長方形→左の三角形の順に選択し、[図形の書式] タブ→ [図形の挿入] → [図形の結合] から [単純型抜き] を選択します。同じく Shift キーを押しながら、長方形→右の三角形の順に選択し、[単純型抜き] を選択します。できたらブラックで塗ります。

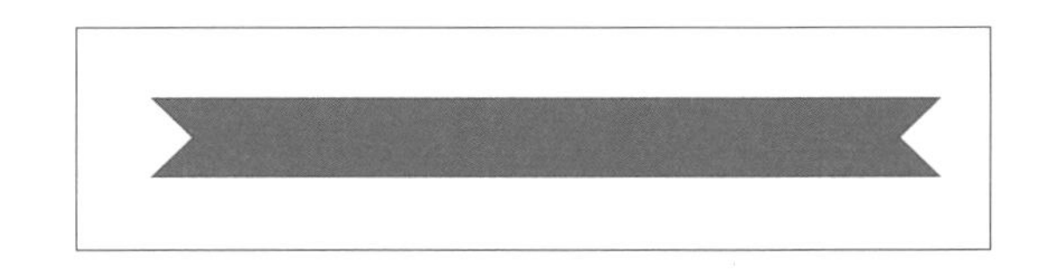

8 背景の上に、作成したリボンのあしらいをのせます。

9 長方形のあしらい（サンプルでは高さ 2cm ×幅 10cm）を 2 つ作り、ブルー■（#0286E3 ／透明度：20％）とレッド■（#DF010C ／透明度：20％）に塗ります。

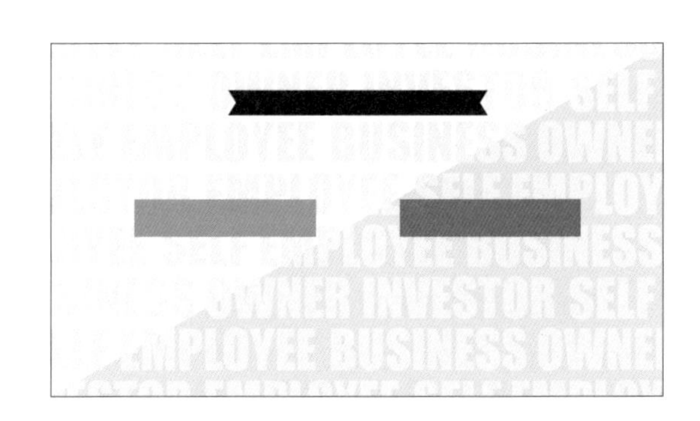

10 あしらいができたら、間にバランスよくブラックで文字（BIZ UDP ゴシック／上から 28pt、36pt、40pt）を配置します。

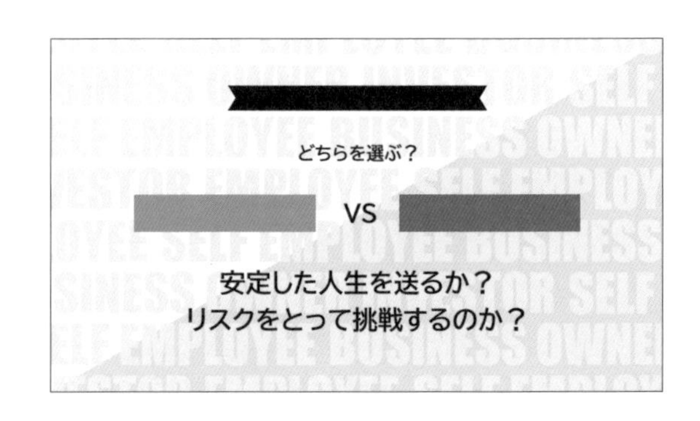

11 あしらいの上にもホワイト□（#FFFFFF）で文字（BIZ UDP ゴシック／上から 24pt、36pt）を配置します。

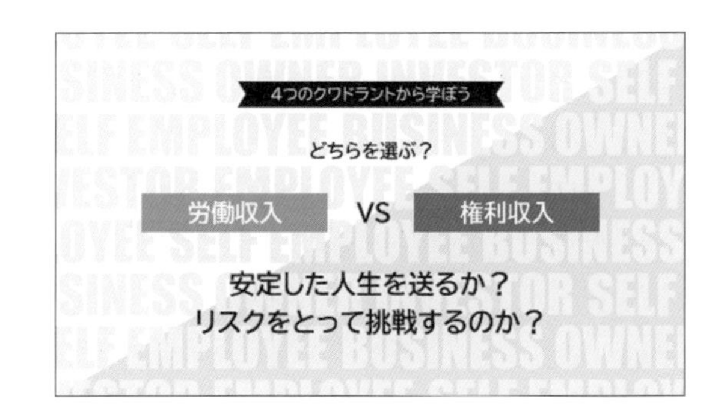

12 最後に、強調したい単語を選択してフォントサイズを大きくすれば（44pt）完成です。

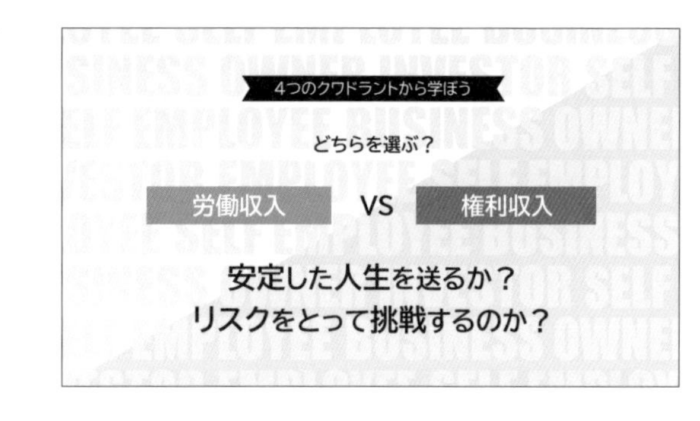

Other Variation

モノトーンのスライドでも、テキストボックスが美しく配置されるとグッと引き締まります。使用した犬の写真にインパクトがあったので、タイトル文字もブラックの長方形にのせて強調し、バランスを取りました。

作成編

09

Chapter4

半透明のあしらいに文字をのせて見やすくする

写真の上に文字をのせると見づらくなる場合、半透明で色を塗った長方形の上に文字をのせることで読みやすいスライドになります。

フォント｜ 和文：游ゴシック　欧文：Bahnschrift
配色　□ #FFFFFF　■ #01949A

作成方法

1 ストック画像から好みの写真（サンプルは「机」で検索）を選び、背景に貼り付けます（→ストック画像の使用方法は P.31 参照）。

2 写真をクリックして、[図の形式] タブ→ [調整] → [色] → [色の彩度] から低めの彩度 (サンプルでは [彩度：33%]) を選択し、写真の彩度を少し落とします。

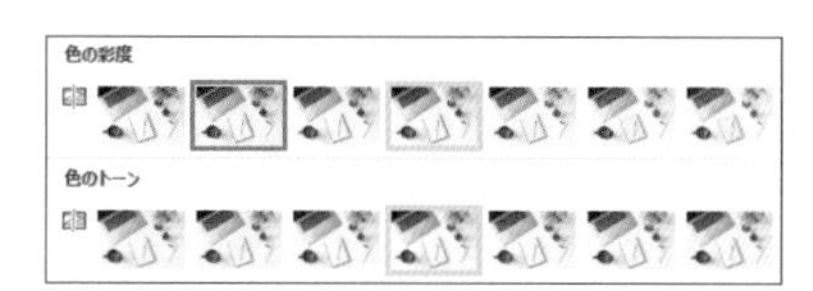

3 長方形 (サンプルでは高さ 7.2cm × 幅 33.89cm ／線なし) を中央に配置してグリーン■ (#01949A ／透明度：40%) で塗り、半透明の帯あしらいを作ります。

4 帯の上にテキストボックスを開き、和文 (游ゴシック／40pt／Bold) と欧文 (Bahnschrift／18pt) をホワイト□ (#FFFFFF) で入力します。できたら、右下にグリーン (透明度：30%) で塗った輪っか文字のロゴをのせて完成です (→ロゴの作成方法は P.95 参照)。

Other Variation

座布団のあしらいを使った例です。活発なコミュニケーションを取って働く人々の写真を主役にするために、スライド全面に写真を大きく使ったうえ、上にのせるあしらいを半透明にして、スライドに抜け感を作っています。
※このスライド内で使われている写真は、ストックフォトサービスのものを利用しています。ダウンロードデータには含まれていません。

Column　標準フォント以外のフォントを使用する

PowerPointでは、Windowsに標準搭載されているゴシック体フォントを使うのが基本です。しかし、美しいデザインを作るために、タイトルやあしらいとして標準フォント以外のフォントを効果的に使いたい場合もあるでしょう。標準フォント以外のフォントを使った場合には、別のパソコンで開いたときに異なるフォントで表示されてしまう可能性があるため、ひと工夫して図として保存する必要があります。

1 Google Fonts (https://fonts.google.com)から好きなフォントを探し、右上の「Download family」をクリックします。

2 ダウンロードしたファイルからインストールしたいフォントをダブルクリックし、[インストール]をクリックしてインストールします。

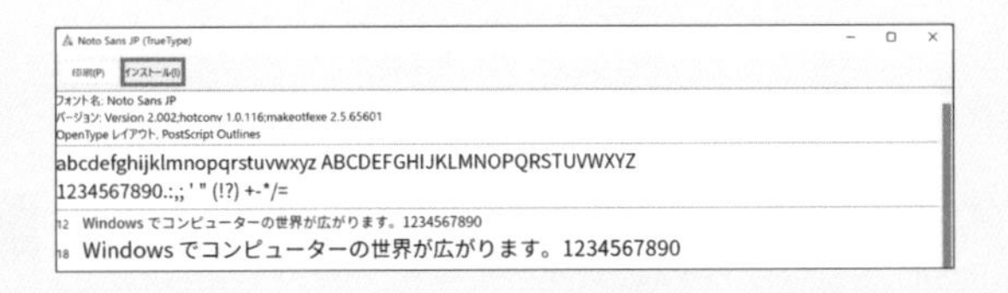

3 インストールしたフォントを使用します。ほかのパソコンで開いた場合に、そのフォントがインストールされていないと別のフォントで表示されてしまうことがあります。これを防ぐために、テキストボックスを右クリックして[図として保存]をクリックします。

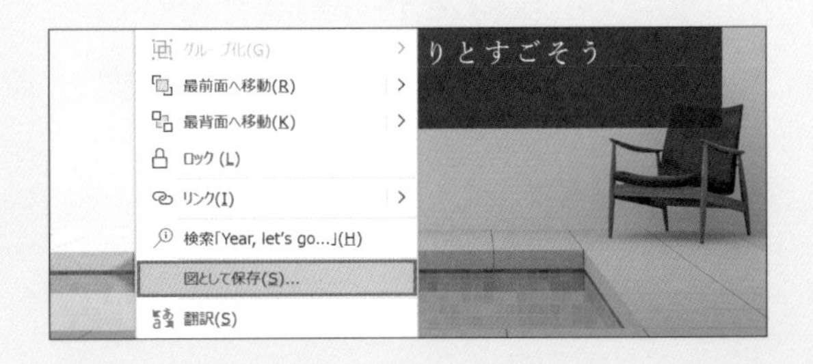

4 図として保存したテキストボックスを貼り付けます。これでどのパソコンで開いても同じ表示にすることができます。このほかに、PDFでの保存や、フォントの埋め込みなどの対策法が考えられますが、編集できない、ファイルが重くなる、などの問題が生じる可能性があるため、タイトルやあしらいでポイントとして使う程度であれば、図として保存しましょう。

作成編

Chapter

グラフと表で視覚に訴える 〉

グラフにはさまざまな種類があります。内容に応じて最適な種類を使い分け、配色やあしらいを工夫してグラフィカルに仕上げましょう。また、表をより美しく見やすくするコツも覚えましょう。

作成編

01

Chapter5

シングルカラーの配色でわかりやすいグラフを作る

グラフや表で表示するデータの項目数を絞り、モノトーン+１色のシングルカラー配色にすれば、わかりやすくまとまります。

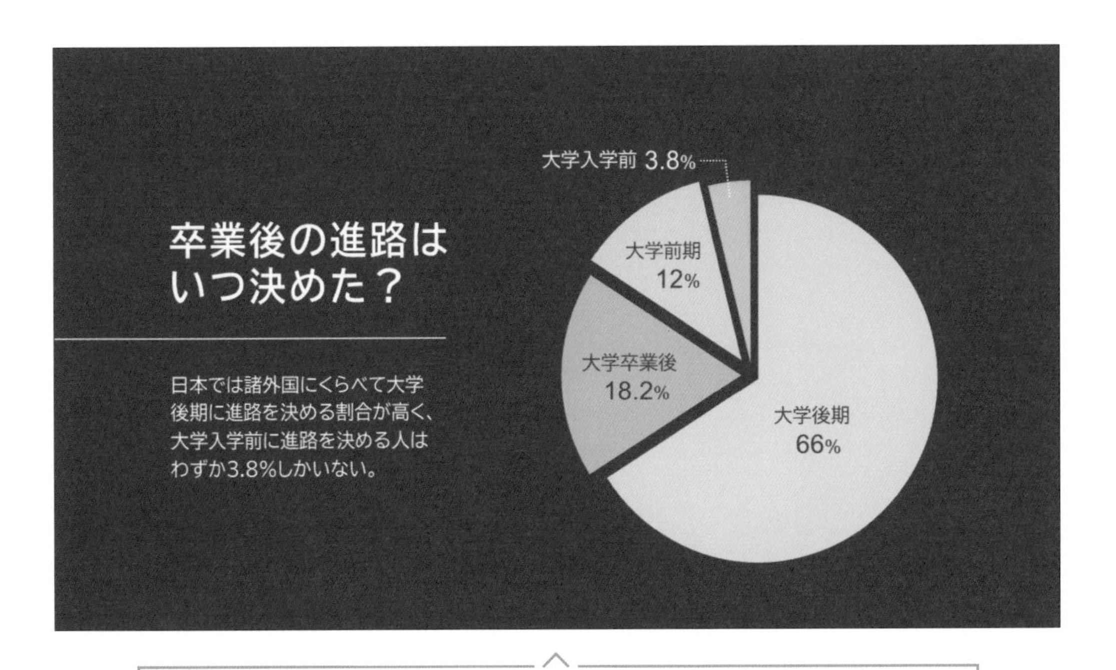

フォント｜和文：BIZ UDP ゴシック　欧文：Arial

配色　#FFFFFF　#3C3C3C　#FFC000　#D9D9D9　#BFBFBF　#D1DDE2

作成方法

1 [挿入] タブ→ [図] → [グラフ] → [円] → [円] を選択して [OK] をクリックし、円グラフを作成します。

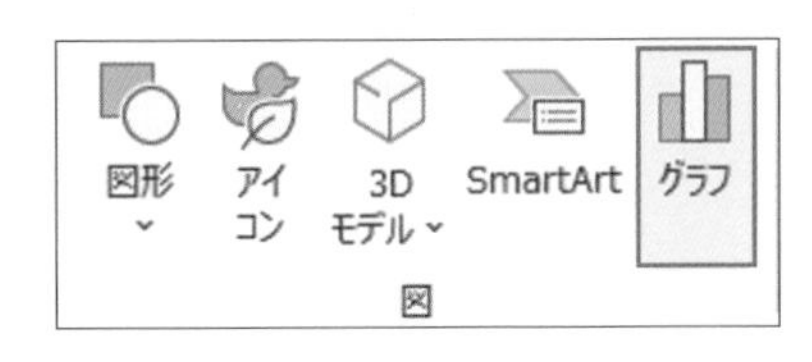

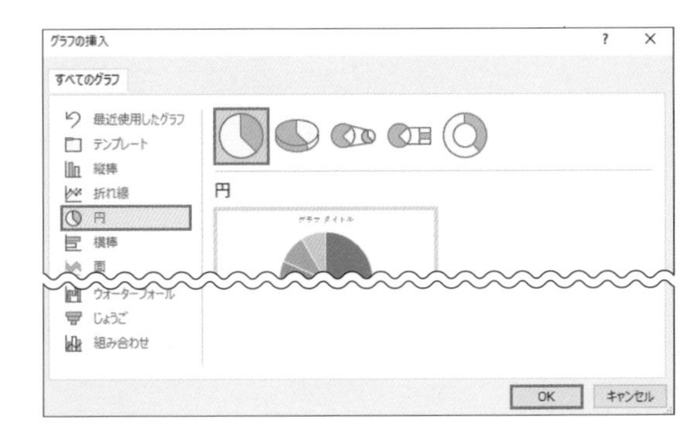

2 円グラフをクリックして、右上に出てくる［＋］をクリックします。グラフ要素のチェックをすべて外し、円グラフだけの表示にします。

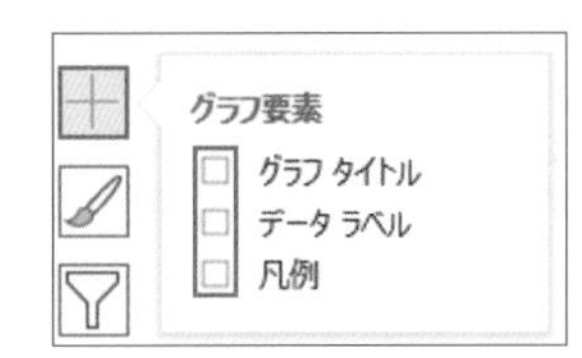

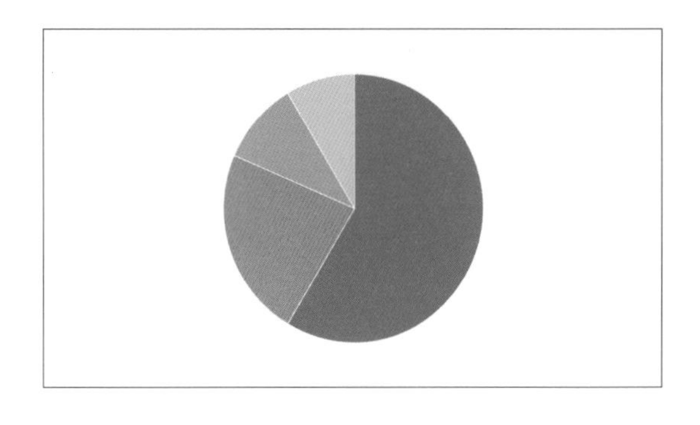

3 円グラフを右クリックして、［データの編集］をクリックし、Excel の表を表示します。

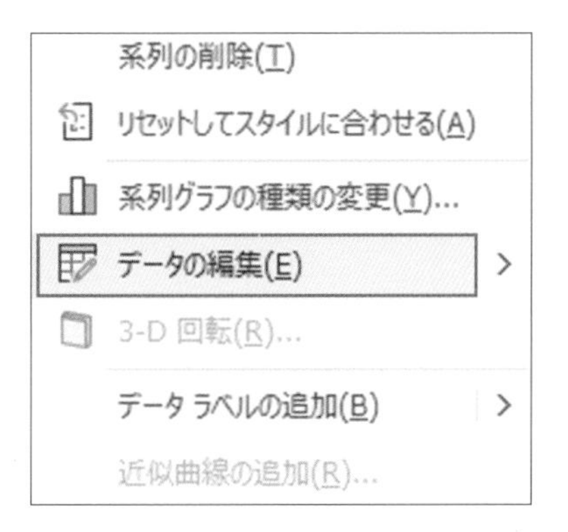

4 Excel の表に項目名と数字を入力して、円グラフの割合を調整します。不要な項目は、選択したうえで Ctrl ＋ − キーを押し、削除しておきましょう。

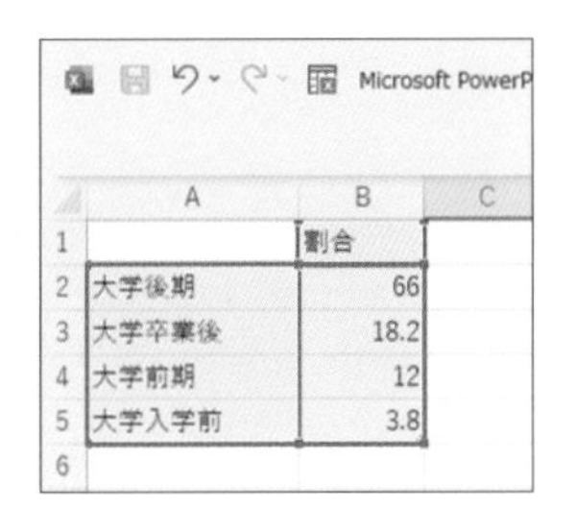

	A	B
1		割合
2	大学後期	66
3	大学卒業後	18.2
4	大学前期	12
5	大学入学前	3.8
6		

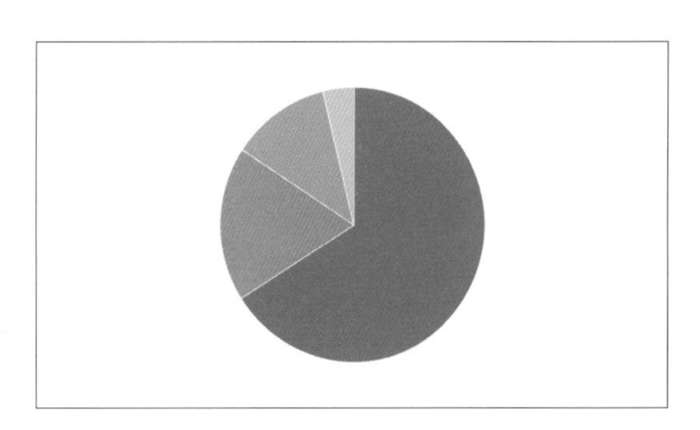

5 円グラフをスライドの右側に配置し、Shift キーを押しながら四隅の白丸をドラッグして大きさを調整します。円グラフの各項目をクリックしてドラッグすると、各項目がずれて動きが表現できます。

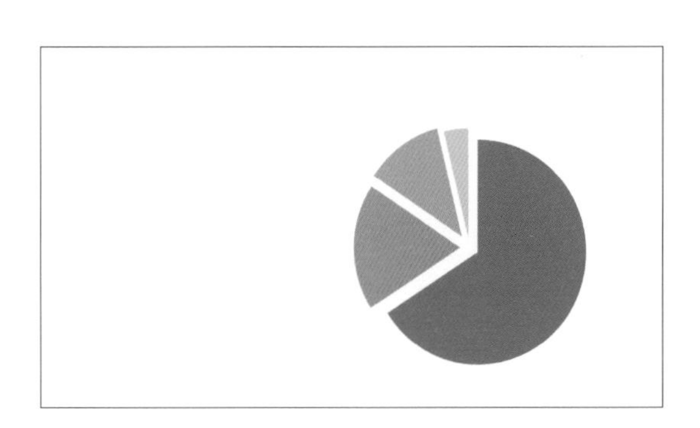

6 円グラフの各項目をダブルクリックし、[データ要素の書式設定] の [塗りつぶしと線] → [塗りつぶし] → [色] から色を設定します。ここでは各項目を、イエロー■ (#FFC000)、ライトグレー■ (#D9D9D9)、グレー■ (#BFBFBF)、ブルーグレー■ (#D1DDE2) で塗ります。

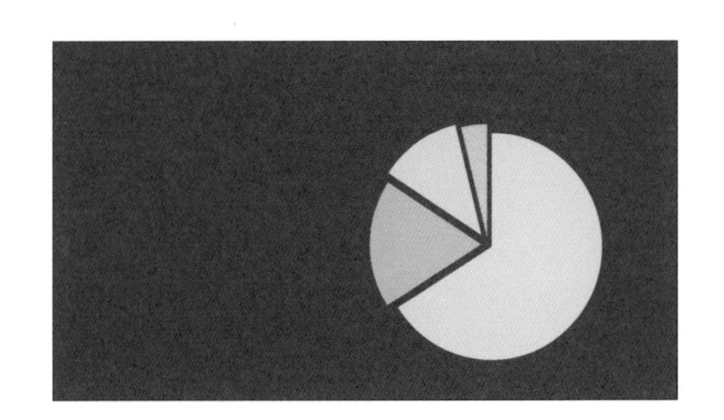

7 各項目に項目名と数字を配置し、解説文やデザインの線を配置したら完成です。

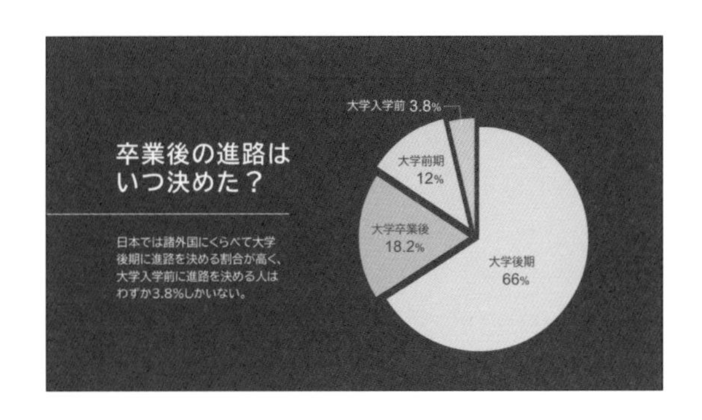

Other Variation

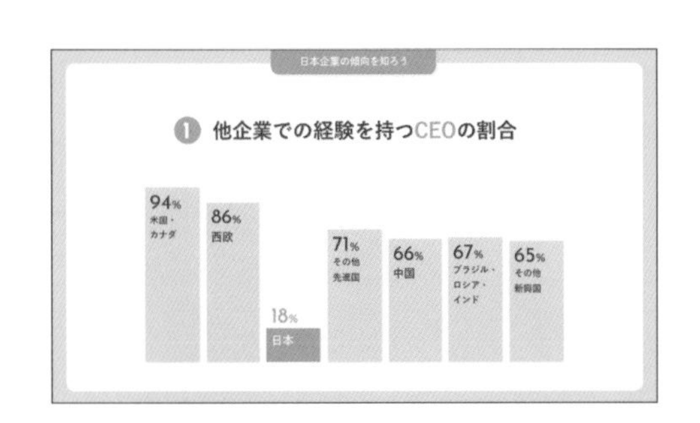

シングルカラー配色で棒グラフを作った例。グレーベースでグラフを作り、強調したい部分だけにポイントカラーのライトブルーを使うことで、どこに注目すればよいのかがひと目でわかります。色数が多いとノイズになってしまうので、グラフが見づらいと感じるときは、思い切って色数を減らしてみましょう。

作成編

02

Chapter5

アイコンを組み合わせて情報を認識しやすくする

グラフとアイコンを組み合わせれば、視覚的に認識しやすくなります。同じテイストのアイコンを選び、きれいにまとめましょう。

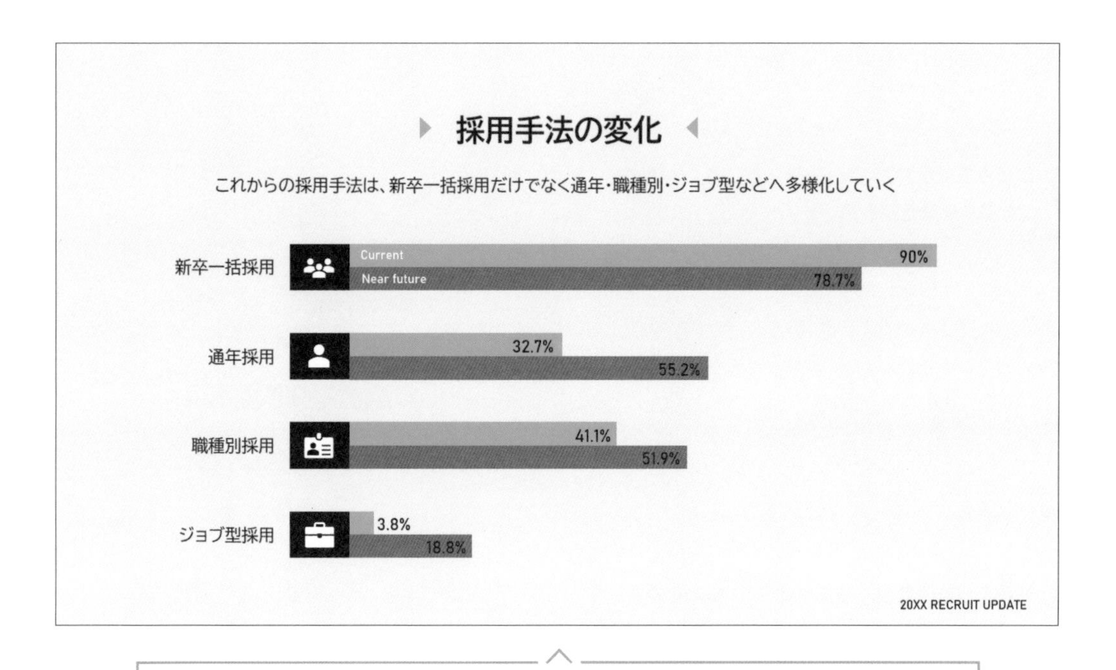

フォント｜ 和文：BIZ UDP ゴシック　欧文：Bahnschrift
配色 ■ #050833 □ #F0F3F4 □ #FFFFFF ■ #00BEC5 ■ #FF0BAC

作成方法

1 [挿入] タブ→ [図] → [グラフ] → [横棒] → [集合横棒] を選択して [OK] をクリックし、横棒グラフを作成します (→グラフの設定は P.108 参照)。

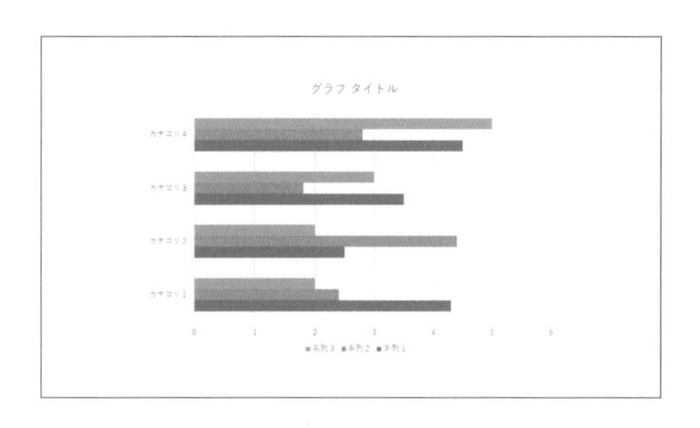

2 横棒グラフを右クリックして、[データの編集] をクリックし、Excel の表を表示します。表に項目名と数字を入力します。

Microsoft PowerPoint

	A	B	C
1		系列 1	系列 2
2	新卒一括採用	90.5	78.7
3	通年採用	32.7	55.2
4	職種別採用	41.1	51.9
5	ジョブ型採用	3.8	18.8
6			

3 横棒グラフ左右の白丸をドラッグして、横棒グラフの長さを調整します。

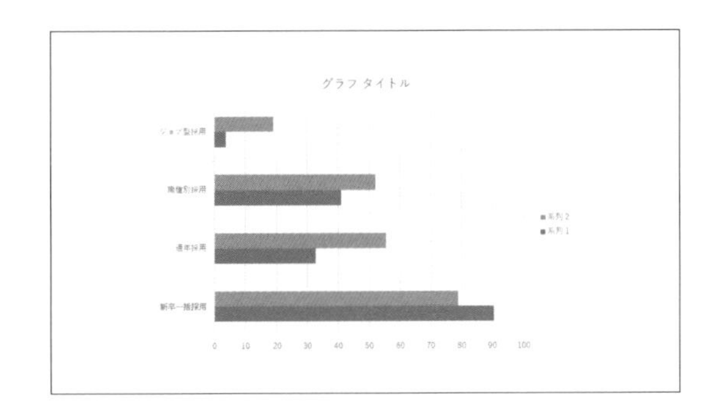

4 横棒グラフの場合、初期状態では Excel の項目とグラフの項目の上下が逆になってしまいます。そのため、軸をダブルクリックし、[軸の書式設定] の [軸のオプション] → [軸のオプション] から [軸を反転する] にチェックを付けます。

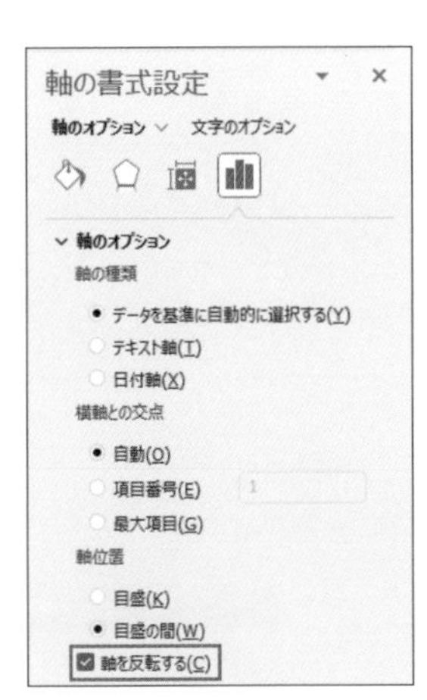

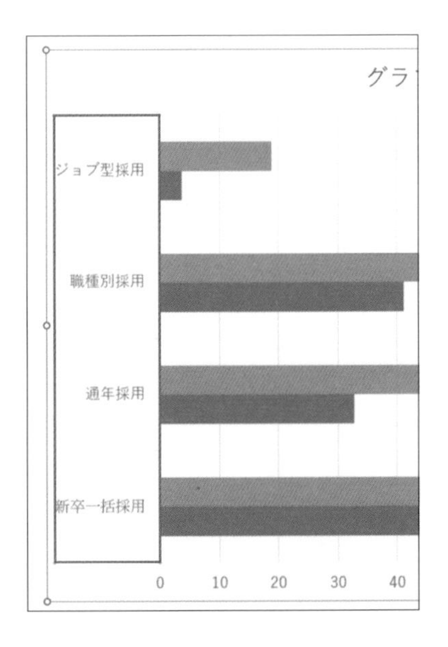

5 横棒グラフをクリックして、右上に出てくる［+］をクリックします。グラフ要素のチェックをすべて外して、横棒グラフだけの表示にします。

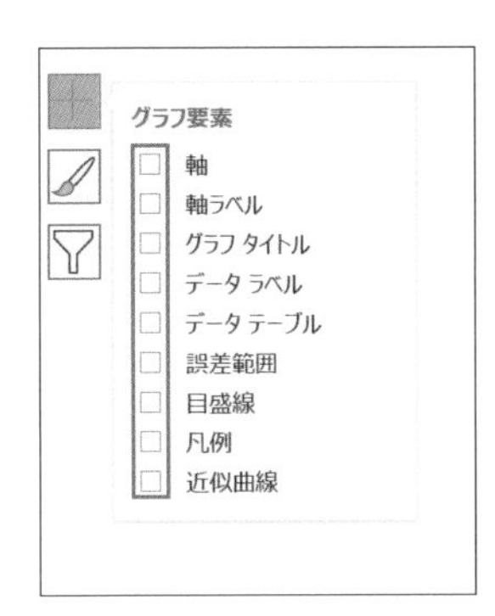

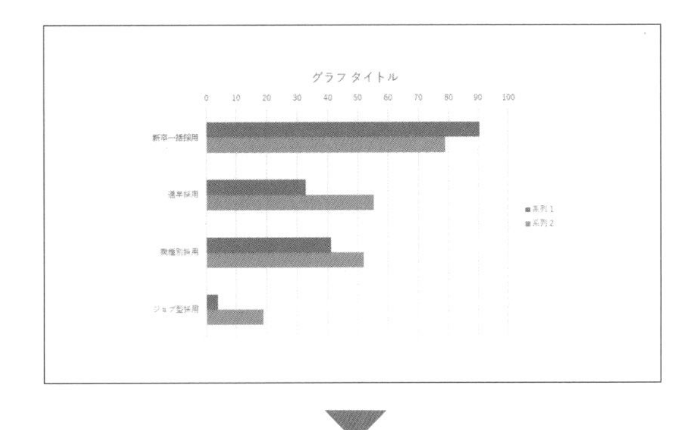

6 文字やアイコンを配置するスペースを考えて、横棒グラフの位置を右下にずらし、四隅の白丸をドラッグしてグラフ全体の大きさを調整しておきます。

7 各グラフをダブルクリックし、［データ要素の書式設定］の［塗りつぶしと線］→［塗りつぶし］→［色］から色を設定します。ここでは各グラフを、ネオンブルー■（#00BEC5）、ネオンピンク■（#FF0BAC）で塗ります。

8 横棒グラフの左側にネイビー■（#050833）の長方形（サンプルでは高さ 1.5cm ×幅 2cm 程度）を作成します。ネイビーで項目名と数字を配置します。

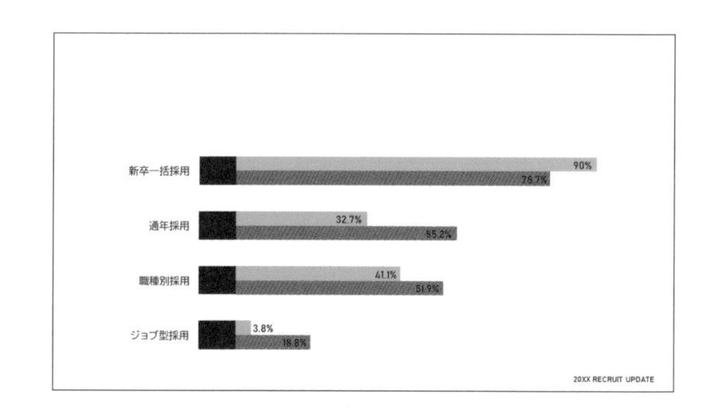

9 アイコンを配置してホワイト□（#FFFFFF）で塗り、ホワイトの文字を配置します（→アイコンの作成方法は P.133 参照）。

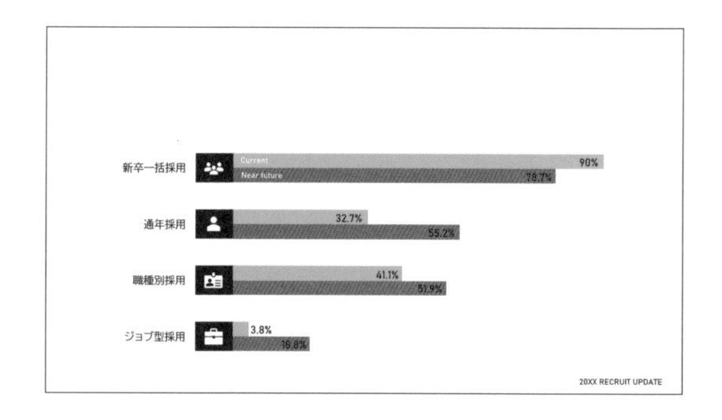

10 三角形のあしらいを作り、タイトルと説明文を配置し、背景をブルーグレー□（#F0F3F4）で塗ったら完成です。

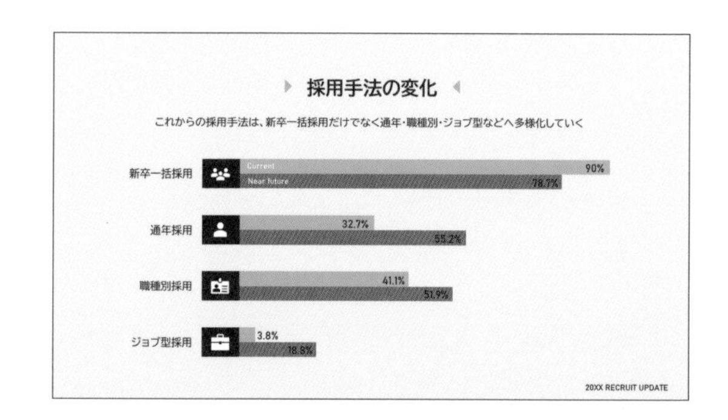

Other Variation

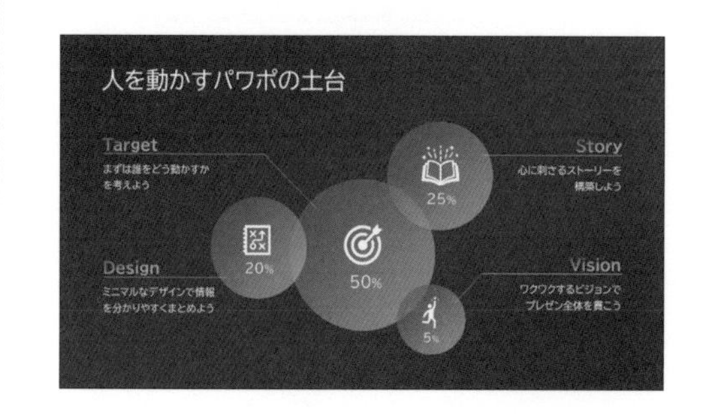

各項目の割合に応じて大きさを変えた円にアイコンを配置して、より視覚的に表現することもできます（→円形グラフの作成方法は P.119 参照）。この作例ではネイビーでグラデーションの背景を作り、円形グラフを半透明のブルーグラデーションで塗ることで、未来感のあるグラフにしました。

作成編

03 用途や目的に応じたグラフでデータを表示する

Chapter5

棒グラフにも横棒と縦棒があるほか、折れ線グラフや面グラフなどもあります。用途や目的に応じてグラフを使い分けましょう。

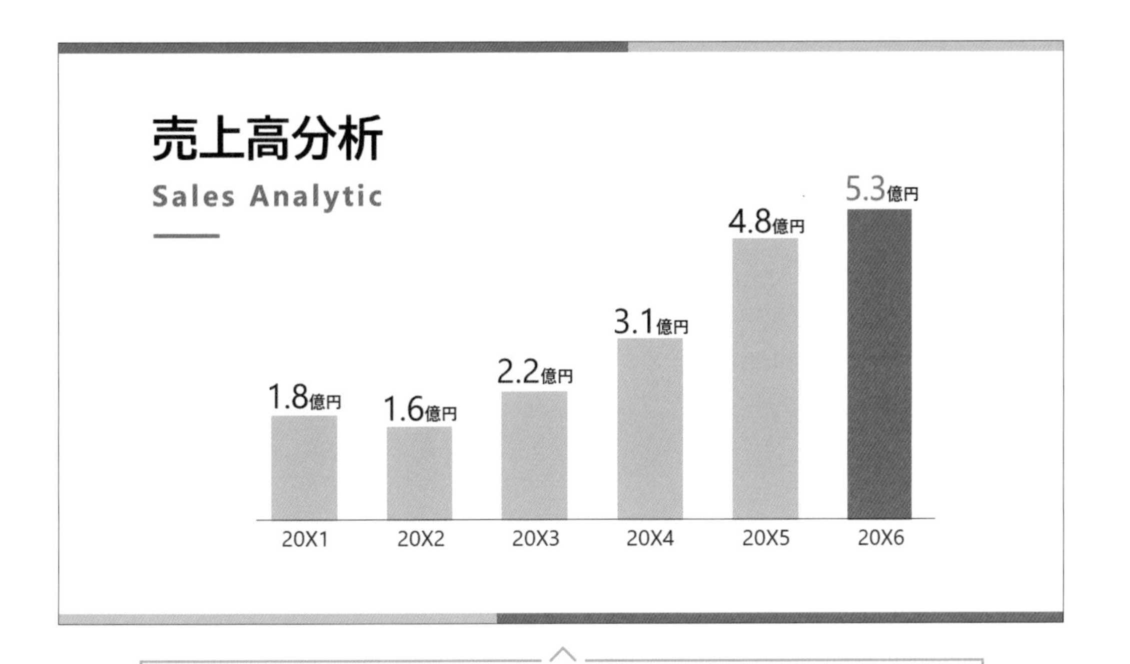

フォント｜和文：BIZ UDP ゴシック　欧文：Segoe UI
配色　■ #0D0D0D　■ #FE0061　□ #FFFFFF　■ #BFBFBF

作成方法

1 [挿入] タブ→ [図] → [グラフ] → [縦棒] → [集合縦棒] を選択して [OK] をクリックし、縦棒グラフを作成します（→グラフの設定は P.108 参照）。

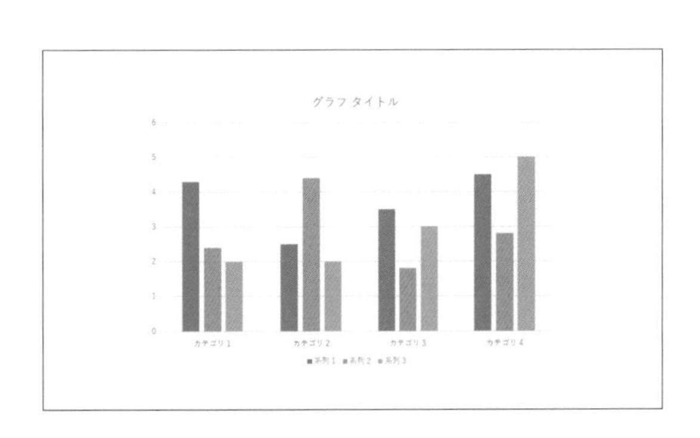

2 縦棒グラフを右クリックして、［データの編集］をクリックし、Excel の表を表示します。表に項目名と数字を入力します。

	A	B	C	D	E
1		売上高			
2	20X1	1.8			
3	20X2	1.6			
4	20X3	2.2			
5	20X4	3.1			
6	20X5	4.8			
7	20X6	5.3			
8					
9					

3 縦棒グラフ上下の白丸をドラッグして、縦棒グラフの長さを調整します。

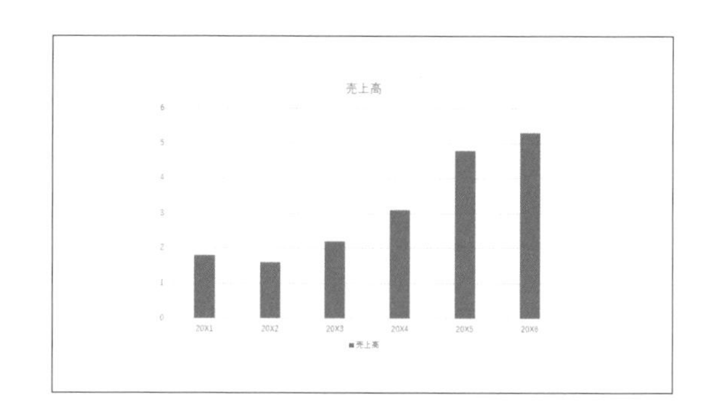

4 縦棒グラフをクリックして、右上に出てくる［＋］をクリックします。グラフ要素のチェックをすべて外して、縦棒グラフだけの表示にします。

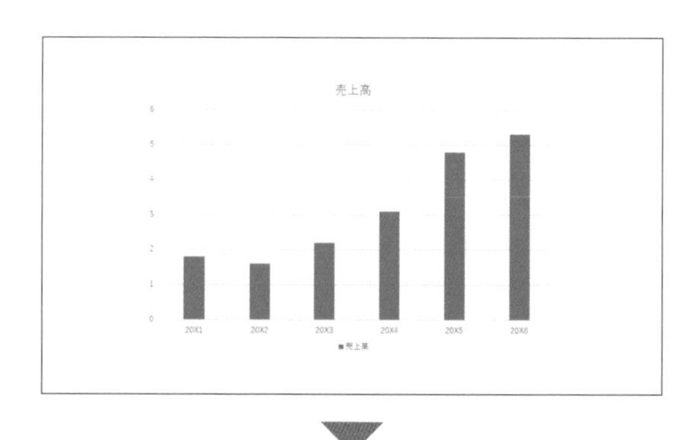

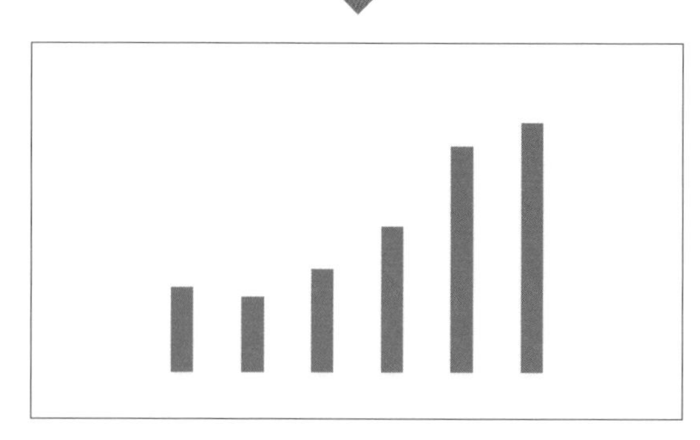

5 1つのグラフをダブルクリックし、[データ要素の書式設定] の [系列のオプション] → [系列のオプション] から、[系列の重なり] を「30%」、[要素の間隔] を「75%」に設定します。文字や数字を配置するスペースを考えて、縦棒グラフの位置をずらし、四隅の白丸をドラッグしてグラフ全体の大きさを調整しておきます。

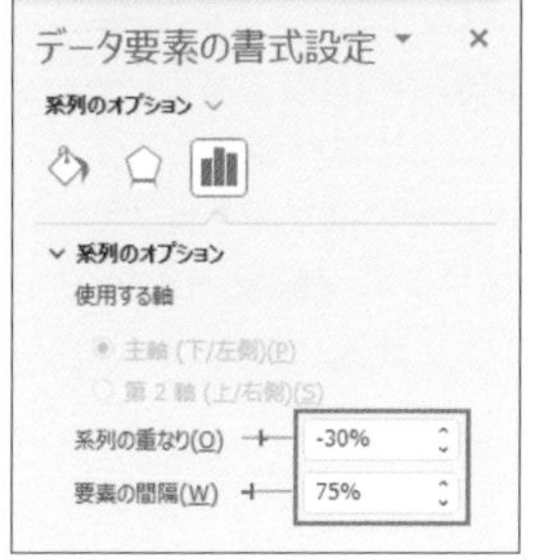

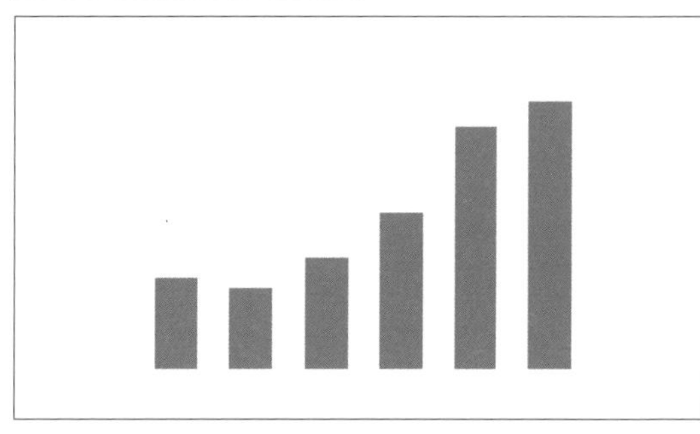

6 グラフの下にブラック■ (#0D0D0D) の線 (0.5pt) を引き、線の下に項目名を配置します。グラフの上には数字を配置します。

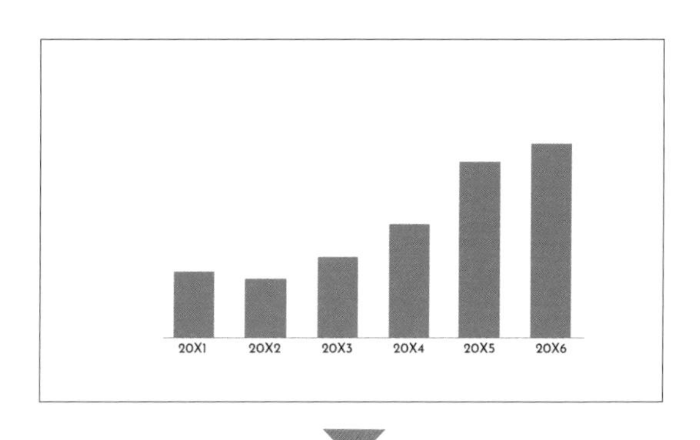

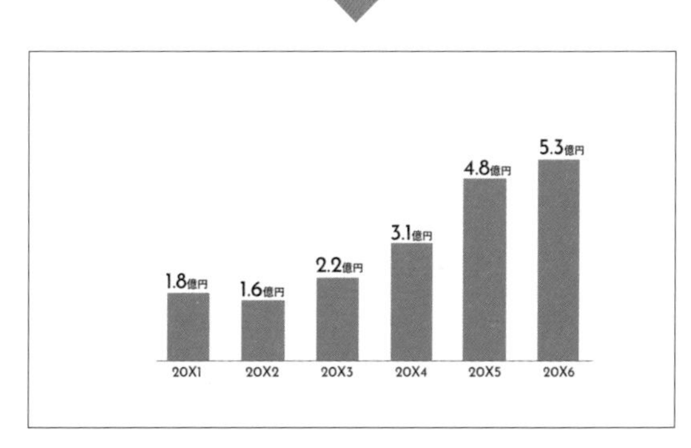

7 各グラフをダブルクリックし、[データ要素の書式設定] の [塗りつぶしと線] → [塗りつぶし] → [色] から色を設定します。ここでは強調したいグラフをピンク■ (#FE0061)、そのほかのグラフをグレー■ (#BFBFBF) で塗ります。強調したいグラフの数字もあわせてピンクに設定します。

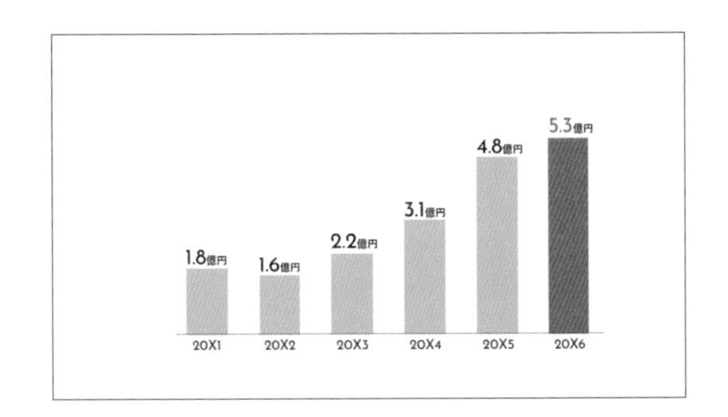

8 長方形のあしらいを上下に作り、タイトルとデザインの横線を配置したら完成です。

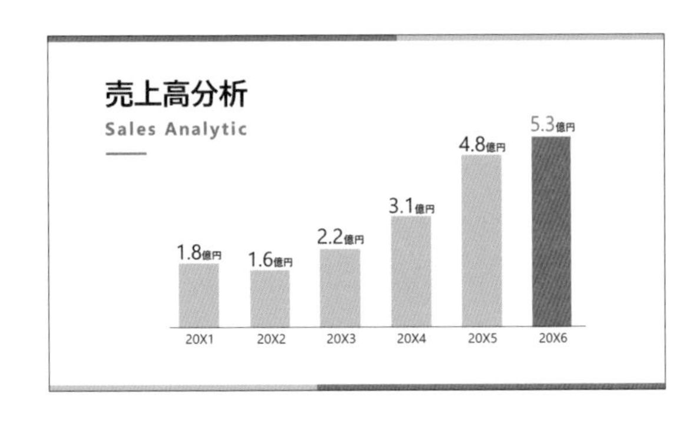

Other Variation

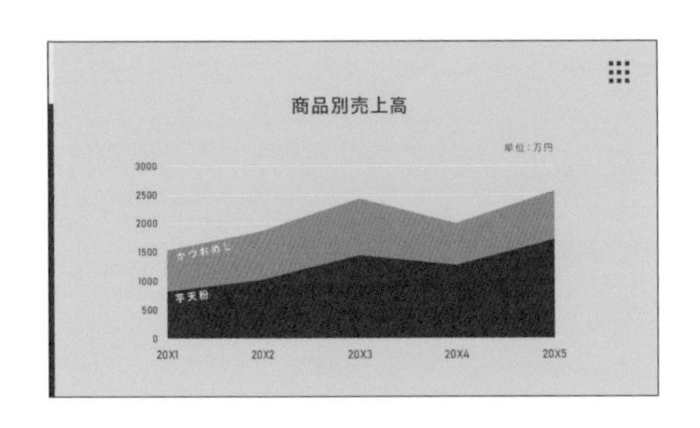

[グラフ] → [面] から [積み上げ面グラフ] を選んで作った例。各項目の数字を面で積み上げることができるため、全体の売上がひと目でわかります。[グラフ] からさまざまな種類のグラフを選ぶことができるので、伝えたい情報や内容に応じた表現方法を試してみてください。

作成編

04

Chapter5

円形のグラフでデータをわかりやすく表現する

円形のグラフなら、美しさと正確さを兼ね備えたグラフを作ることができます。バブルチャートなども使って工夫してみましょう。

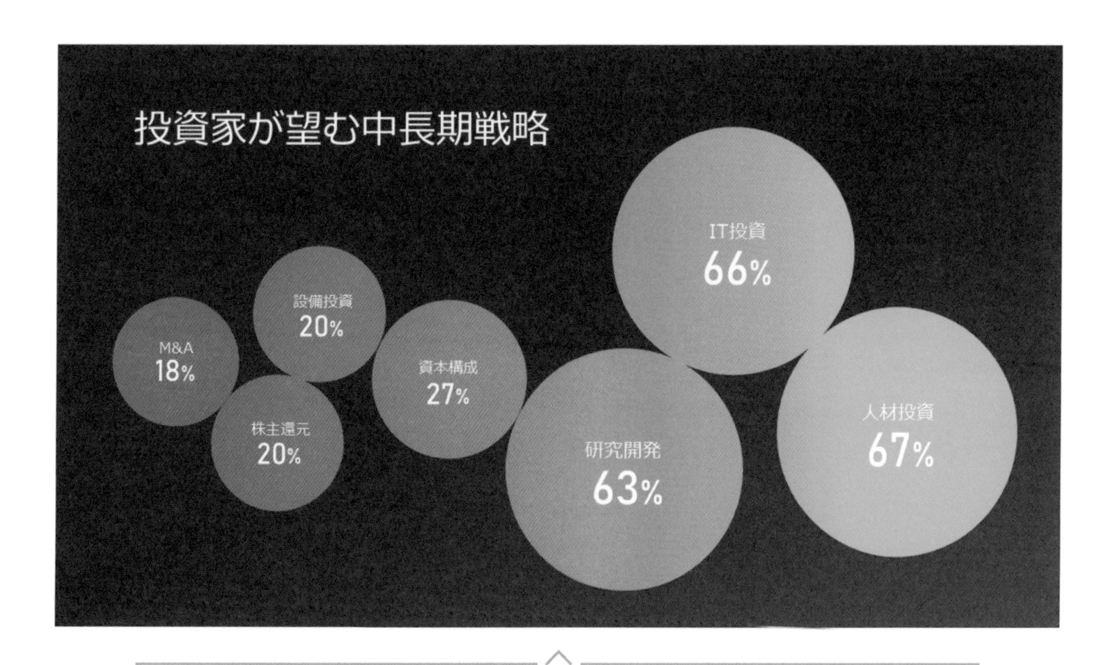

フォント｜和文：メイリオ　欧文：Bahnschrift

配色　#FFFFFF　#1A1A1A　#3E3E3E　#FF0180　#FF7911　#47DDC8

作成方法

1 各項目のデータをノートに書き出し、電卓などでルートを使用して、円形グラフの大きさを計算します。たとえばデータが「18」の場合、円形の大きさは「$\sqrt{18}$ = 4.2」で求め、4.2cmとします。

2 項目の数だけ楕円で正円を作り、計算した大きさに設定します（サンプルでは、端数切り捨てで18%→4.2cm、20%→4.4cm、27%→5.19cm、63%→7.93cm、66%→8.12cm、67%→8.18cmに設定）。

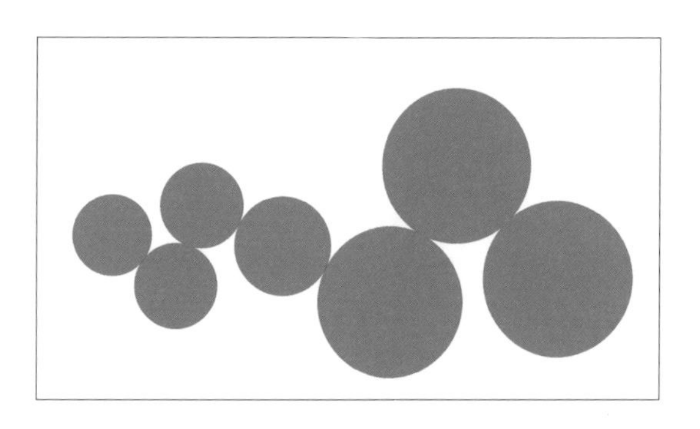

3 バランスよく配置したら、すべての正円を選択し、[図形の書式] タブ→ [図形の挿入] → [図形の結合] から [接合] を選択し、1つの図形にします。

4 [図形の書式設定] から [図形のオプション] → [塗りつぶしと線] → [塗りつぶし] から [塗りつぶし (グラデーション)] を選択し、[種類] を「線形」、[方向] を「右方向」に設定します。[グラデーションの分岐点] を「位置：10％／■ (#FF0180)」「位置：50％／■ (#FF7911)」「位置：90％／■ (#47DDC8)」に設定して塗ります (→グラデーションの設定方法は P.38 参照)。

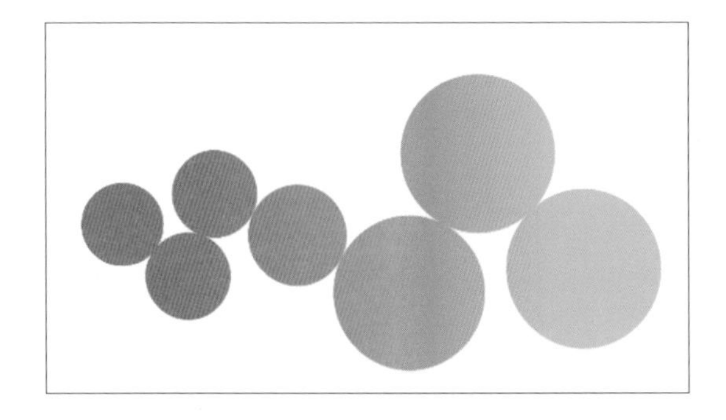

5 背景も同様に、[種類] を「線形」、[方向] を「右方向」に設定し、[グラデーションの分岐点] を「位置：50％／■ (#1A1A1A)」「位置：100％／■ (#3E3E3E)」に設定して塗ります。ホワイト□ (#FFFFFF) で文字を配置したら完成です。

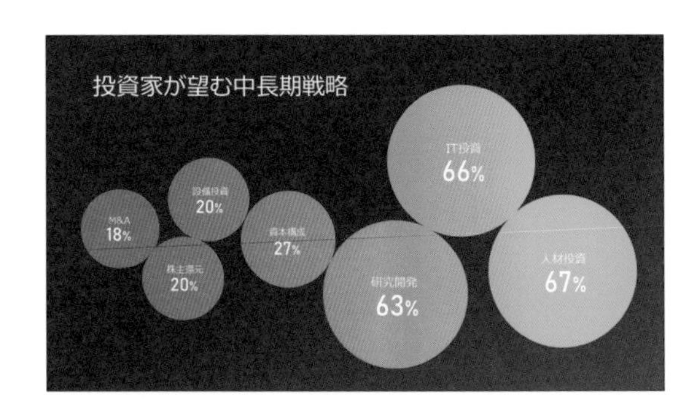

Other Variation

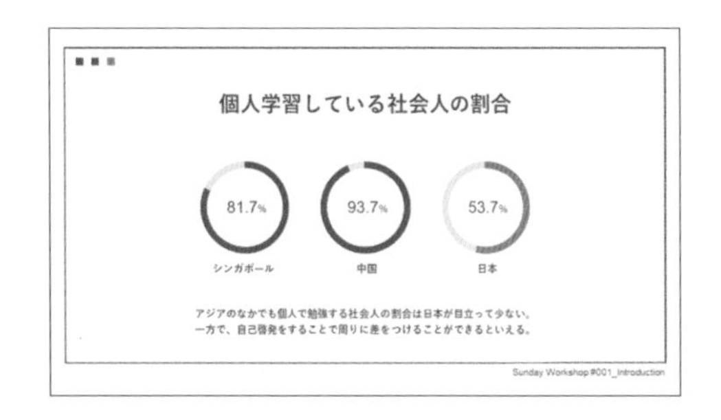

スタイリッシュな細めの円グラフを作る場合も、グラフを挿入するのではなく、ひと手間かけて図形を組み合わせて作成したほうが、美しく仕上がります。円グラフの場合も、色を付ける部分の角度をデータから正確に計算することで、スライドの信頼性を高めることができます。

作成編
05
Chapter5

存在感をできるだけ薄くしたミニマルな表を作る

枠を細くする、背景の色をモノトーンにする、ラインだけにするといった方法で、シンプルで美しい表を作ることができます。

フォント｜ 和文：BIZ UDP ゴシック　欧文：Century Gothic
配色　■ #171620　□ #FFFFFF　■ #F55A30　■ #404040

作成方法

1 「挿入」タブ→［表］→［表］から［表（5 行×4 列）］を選択して表を作ります。

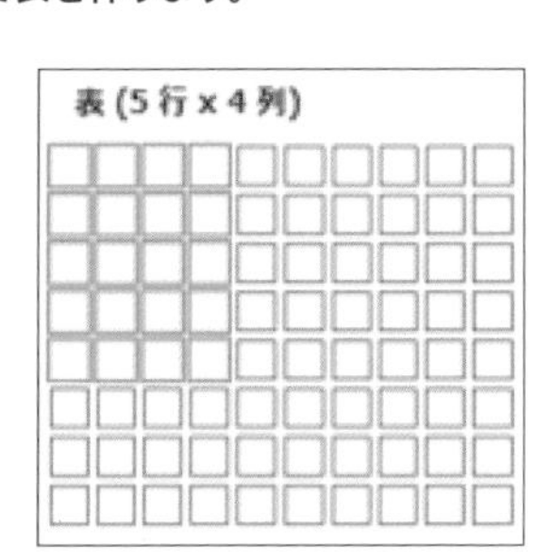

2 ［テーブルデザイン］タブ→［表スタイルのオプション］のチェックをすべて外します。

タイトル行　最初の列
集計行　最後の列
縞模様（行）　縞模様（列）
表スタイルのオプション

3 ［テーブルデザイン］タブ→［表のスタイル］から［スタイルなし、表のグリッド線なし］を選択します。

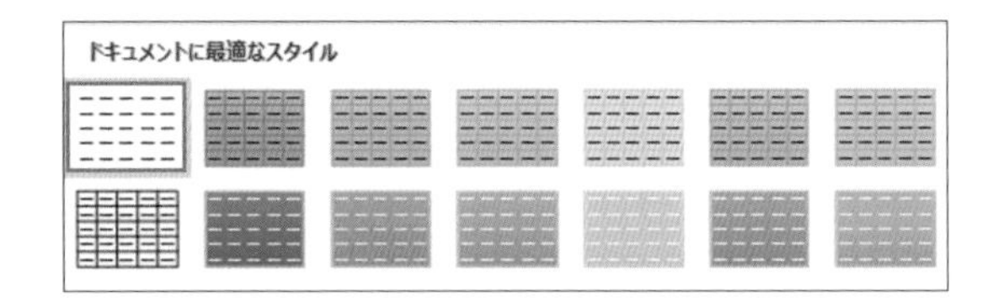

4 ［テーブルデザイン］タブ→［罫線の作成］から、［ペンの太さ］を「0.25pt」、［ペンの色］をダークグレー■（#404040）に設定します。

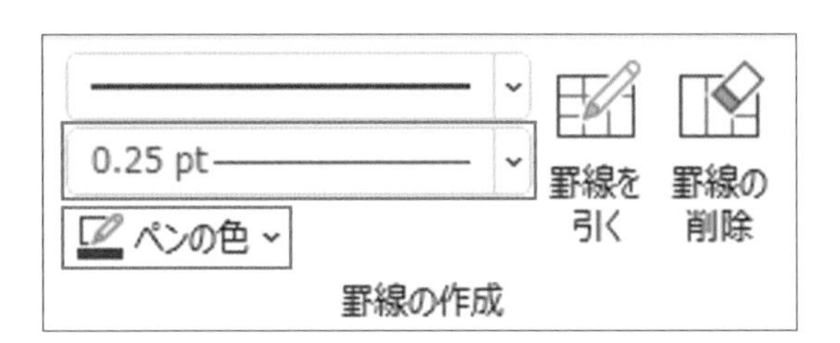

5 ［テーブルデザイン］タブ→［表のスタイル］→［罫線］から、［上罫線］、［下罫線］、［横罫線（内側）］を選択します。

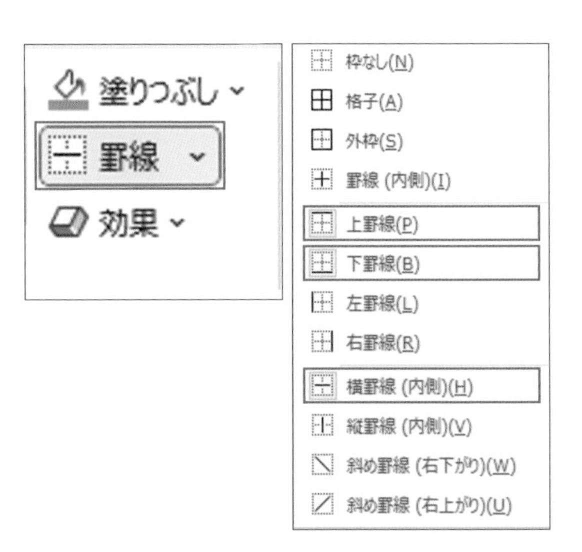

6 文字や数字を配置するスペースを考えて、表の位置をずらし、四隅の白丸をドラッグして表の大きさを調整します。できたら、別のスライドに表をコピーしておきます。

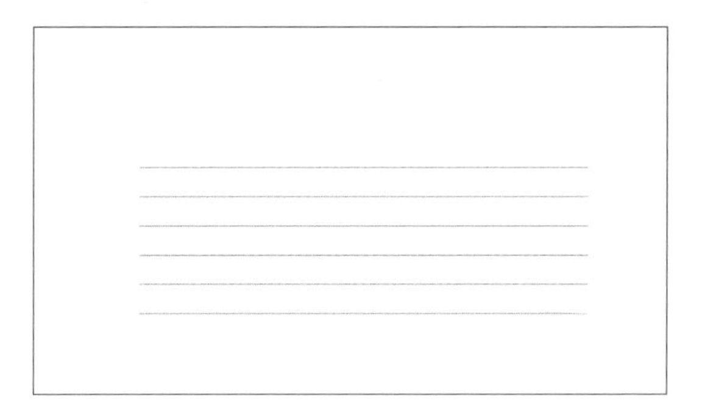

7 表の2列目に重なるように、オレンジ■（#F55A30）の長方形を作り、右下に影を付けます（→影の設定はP.47参照）。

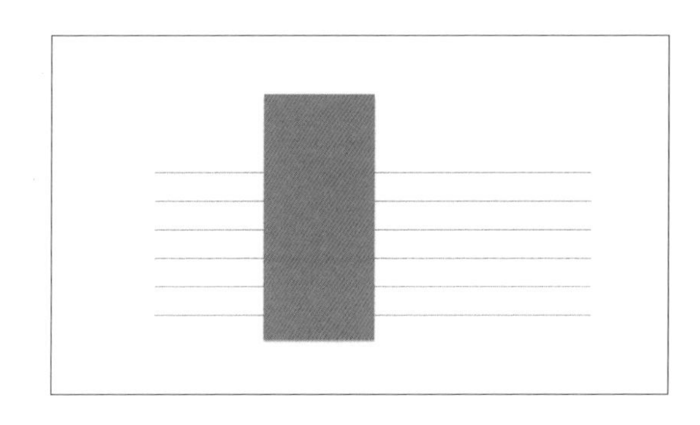

8 コピーしておいた別のスライドの背景を任意の色で塗り、インディゴ■（#171620）で表のコンテンツを入力します。

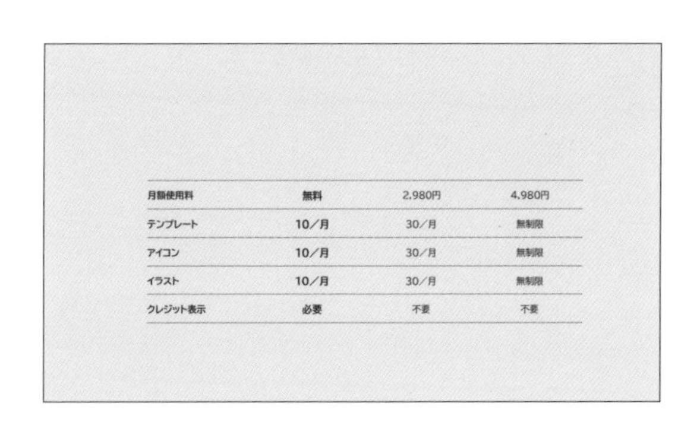

9 左から2列目のコンテンツはホワイト□（#FFFFFF／Bold）に変更しておきます。[テーブルデザイン] タブ→ [表のスタイル] →「罫線」から [枠なし] を選択して枠線を消します。

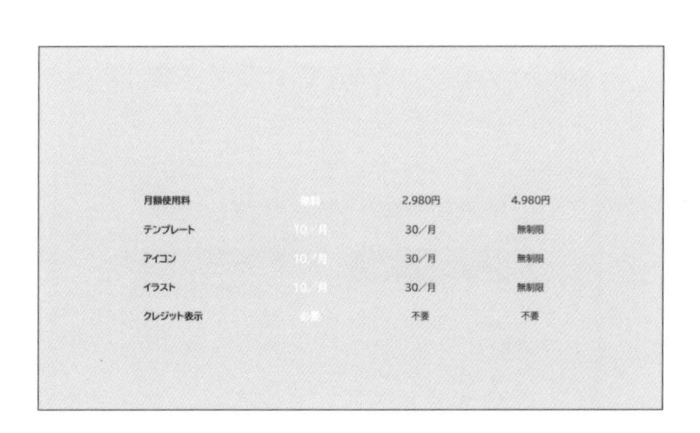

10 元のスライドに戻り、表に **9** のコンテンツ部分をコピーして貼り付けます。

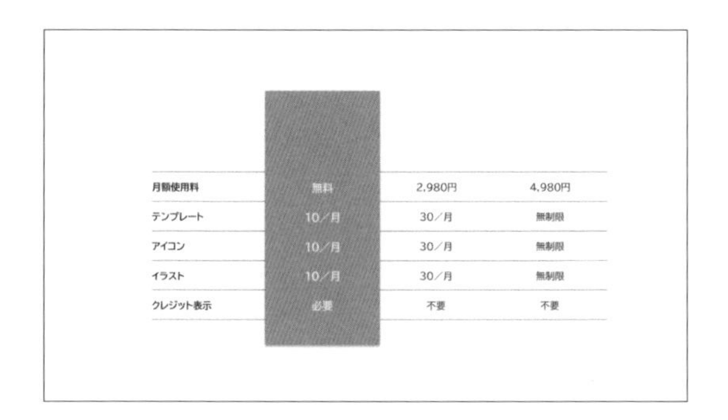

月額使用料	無料	2,980円	4,980円
テンプレート	10／月	30／月	無制限
アイコン	10／月	30／月	無制限
イラスト	10／月	30／月	無制限
クレジット表示	必要	不要	不要

11 各列の上部にアイコンと文字を配置します（→アイコンの作成方法は P.133 参照）。

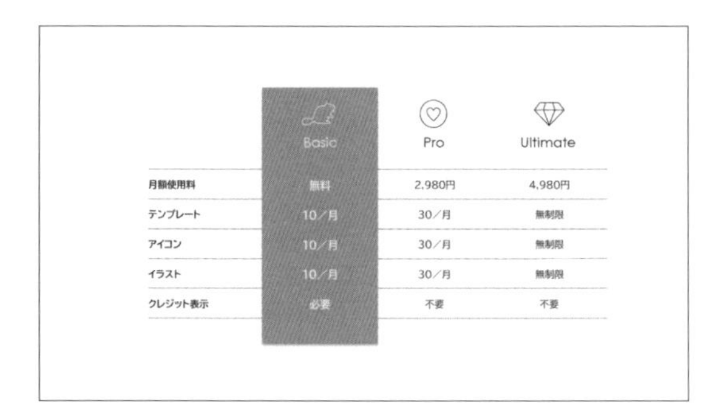

	Basic	Pro	Ultimate
月額使用料	無料	2,980円	4,980円
テンプレート	10／月	30／月	無制限
アイコン	10／月	30／月	無制限
イラスト	10／月	30／月	無制限
クレジット表示	必要	不要	不要

12 左上にあしらいを付けたら完成です。

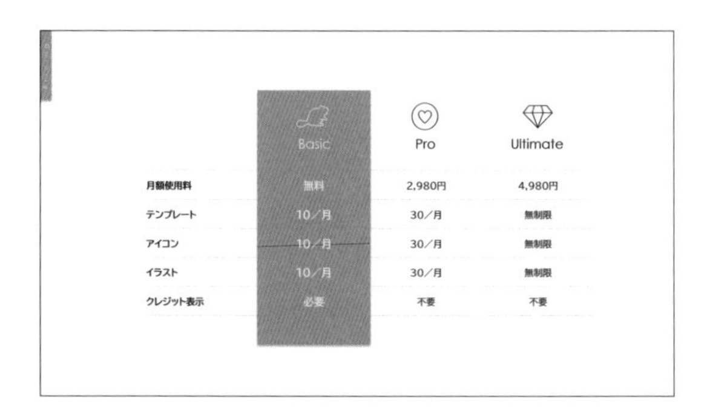

	Basic	Pro	Ultimate
月額使用料	無料	2,980円	4,980円
テンプレート	10／月	30／月	無制限
アイコン	10／月	30／月	無制限
イラスト	10／月	30／月	無制限
クレジット表示	必要	不要	不要

Other Variation

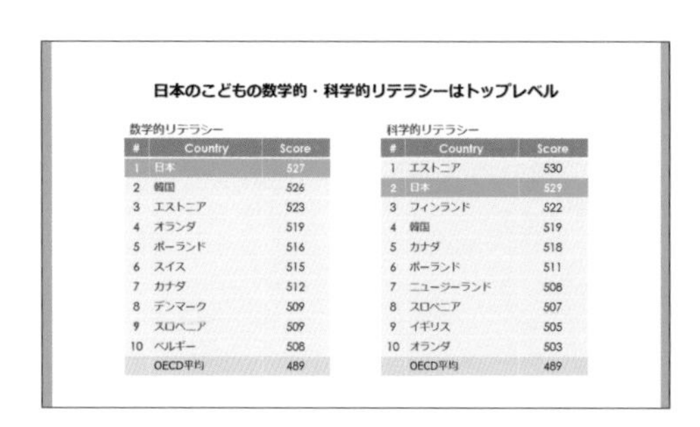

日本のこどもの数学的・科学的リテラシーはトップレベル

数学的リテラシー

#	Country	Score
1	日本	527
2	韓国	526
3	エストニア	523
4	オランダ	519
5	ポーランド	516
6	スイス	515
7	カナダ	512
8	デンマーク	509
9	スロベニア	509
10	ベルギー	508
	OECD平均	489

科学的リテラシー

#	Country	Score
1	エストニア	530
2	日本	529
3	フィンランド	522
4	韓国	519
5	カナダ	518
6	ポーランド	511
7	ニュージーランド	508
8	スロベニア	507
9	イギリス	505
10	オランダ	503
	OECD平均	489

情報量の多い表を見やすく作るには、グラフと同様にシングルカラーの配色にしたり、主張の少ないあしらいでノイズを減らしたりすることがポイントです。こちらの例では、モノトーンのランキング表にブルーのアクセントカラーを使用して、ポイントとなる部分を目立たせました。

作成編

Chapter

図解でわかりやすさを高める〉

内容を簡潔にわかりやすく伝えるためには、図解での表現が欠かせません。図形を組み合わせるだけでも図解が実現できますが、アイコンやデザインなどを駆使して、さらに表現力を高めましょう。

作成編

01 長方形・文字・矢印だけの基本的な図解を作る

Chapter6

文字を添えた長方形を矢印でつなぐだけで図解は作れます。因果関係を表すフローチャートなどを、シンプルな図解で表現しましょう。

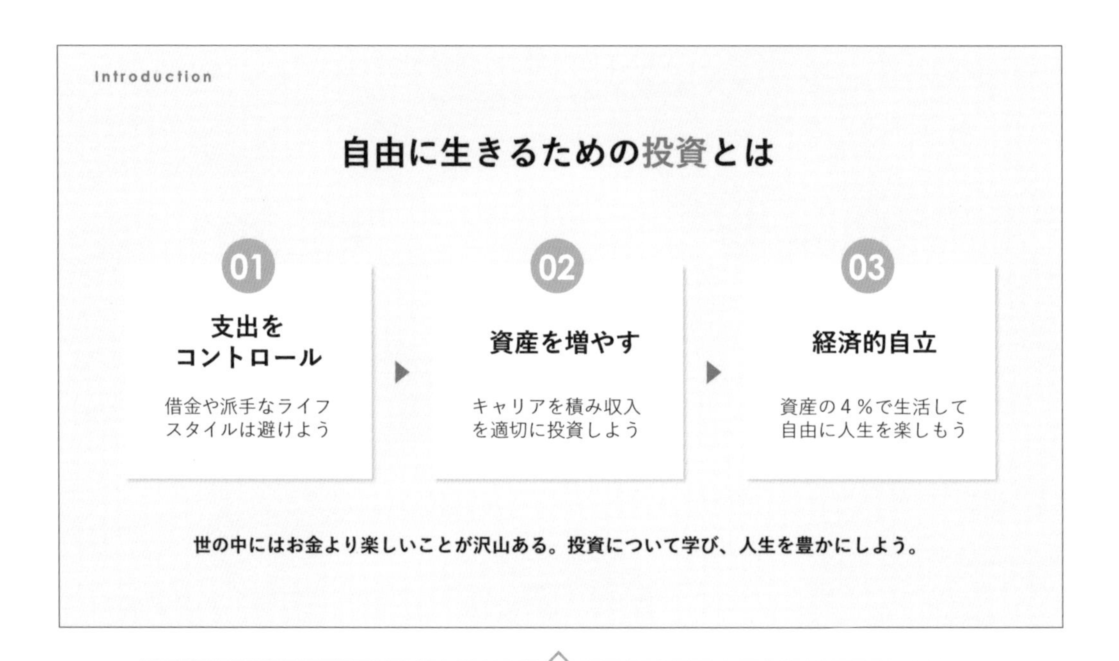

フォント｜ 和文：游ゴシック　欧文：Century Gothic

配色 ■ #171810　■ #16796F　□ #F2F2F2　□ #FFFFFF　■ #7CB7AF

作成方法

1 背景をライトグレー□（#F2F2F2）で塗ります。［ホーム］タブ→［図形描画］→［正方形／長方形］から、ホワイト□（#FFFFFF）の長方形（サンプルでは高さ 7cm ×幅 8.4cm）を作り、右下に影を付けます（→影の設定は P.47 参照）。

2 ［ホーム］タブ→［図形描画］→［楕円］から、ライトグリーン■（#7CB7AF）の正円（サンプルでは高さ 1.8cm ×幅 1.8cm）を作り、長方形の上辺に正円の中心がくるように配置します。正円の上にテキストボックスを開き、ホワイトで数字を入力します。

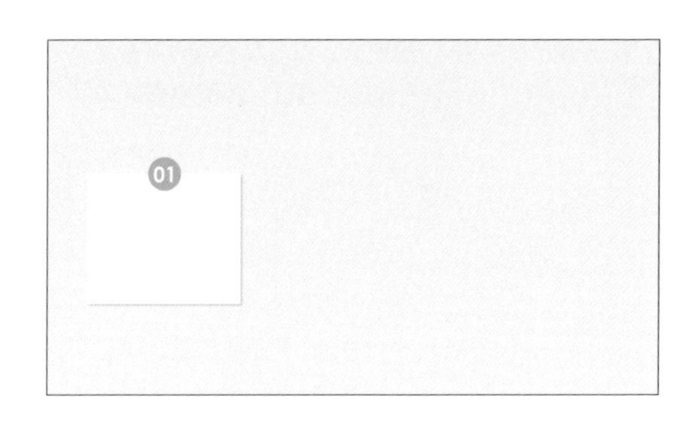

3 長方形の上にテキストボックスを開き、ブラック■（#171810）で文字を入力します。できたら、全パーツを選択した状態で Ctrl + G キーを押してグループ化します。

4 グループ化したパーツを Ctrl + D キーで複製して 3 つ作ります。Ctrl + A キーですべて選択し、［図形の書式］タブ→［配置］→［配置］から［上下中央揃え］［左右に整列］を選択し、等間隔に配置します。最後に 3 つのパーツを Ctrl + G キーでグループ化して、［左右中央揃え］でスライドの真ん中に配置します。

5 ［ホーム］タブ→［図形描画］→［二等辺三角形］から、グリーン■（#16796F）の三角形（サンプルでは高さ 0.5cm ×幅 0.8cm）を 2 つ作って右に 90°回転させ、パーツの間に矢印として配置します。

6 最後にタイトル、説明文、ロゴなどの文字をブラックとグリーンで作成すれば、図解の完成です。

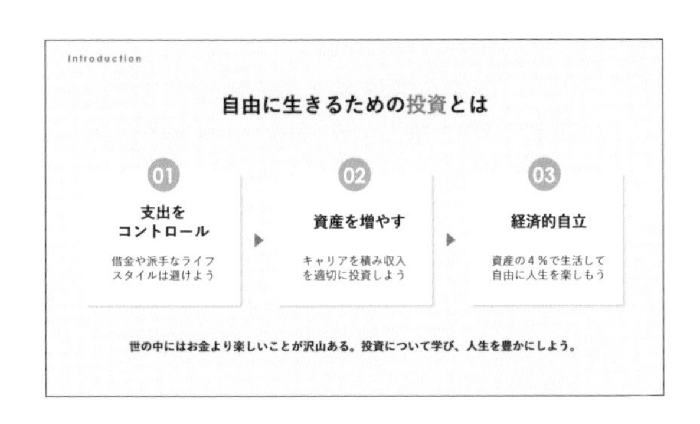

Other Variation

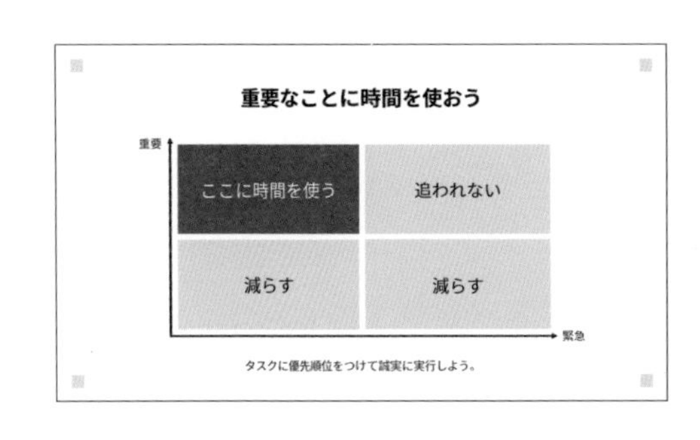

コンサルタントの資料などでもよく使われる2×2のマトリクス表は、情報整理をするのに便利です。長方形を縦横に4つ並べ、矢印で座標を表現するだけで、対象項目を4つの象限に分けて分析することができます。マトリクス表は2×2が一般的ですが、必要に応じて3×3のマトリクス表を使ってもよいでしょう。

作成編

02

Chapter6

統一された図解デザインで世界観を伝える

背景を抽象的なイメージに変更したり、パーツの色や形にデザイン性を加えたりして、伝えたい世界観を統一して表現しましょう。

フォント｜和文：メイリオ　欧文：Bahnschrift
配色　□ #FFFFFF　■ #00EFFF

作成方法

1 ストック画像から好みの写真（サンプルでは「未来」で検索）を選び、背景に貼り付けます（→ストック画像の使用方法はP.31参照）。

2 長方形のパーツを 2 つ作って並べます。長方形をネオンブルー■（#00EFFF／透明度：80%）で塗り、［線］の［幅］を「2.5pt」に設定して未来的なデザインにします。長方形の左上にテキストボックスを開き、ネオンブルーの文字で説明を入力します。

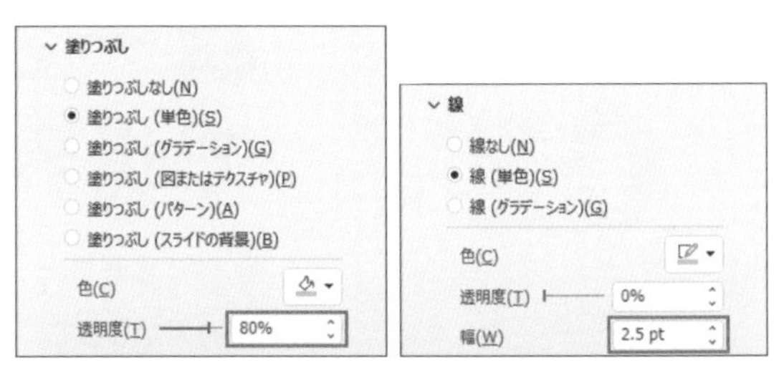

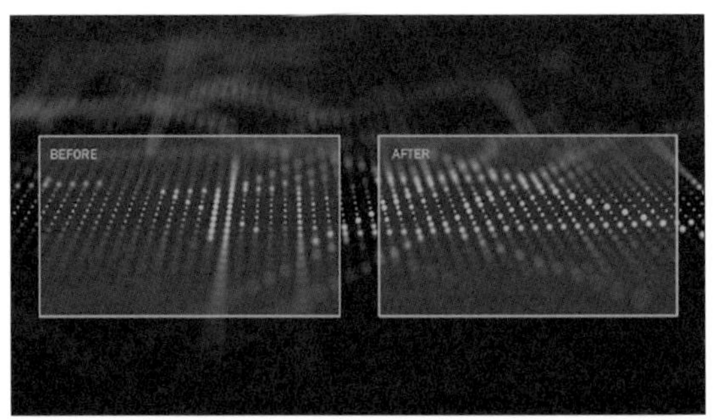

3 ホワイト□（#FFFFFF）の三角形（サンプルでは高さ 0.5cm × 幅 0.8cm）を作成し、右に 90°回転させて、長方形の間に矢印として配置します。

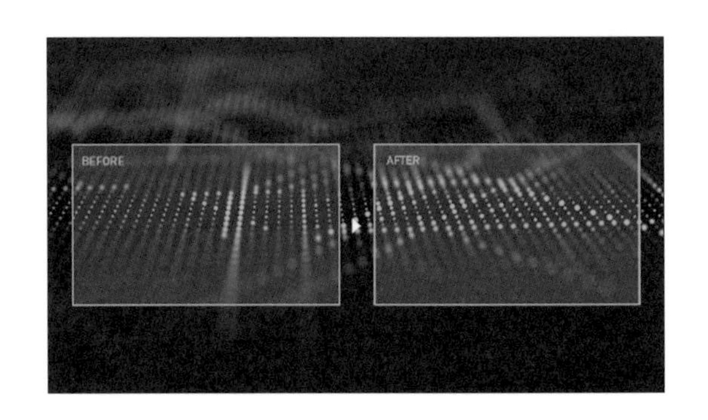

4 長方形の上に正円（サンプルでは高さ 3.7cm × 幅 3.7cm）を作ってホワイト（透明度：75%）で塗り、［線］の［幅］を「1.5pt」に設定します。できたら 3 つ横に並べて、その上にホワイトで塗ったアイコンを配置します（→アイコンの使用方法は P.133 参照）。

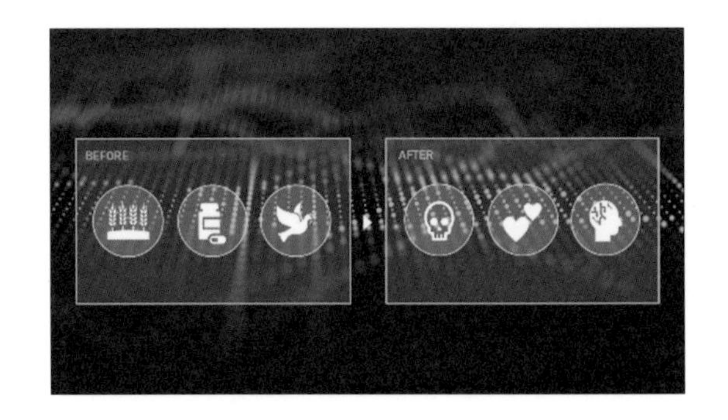

5 最後にホワイトのタイトルと文字を配置すれば完成です。

Other Variation

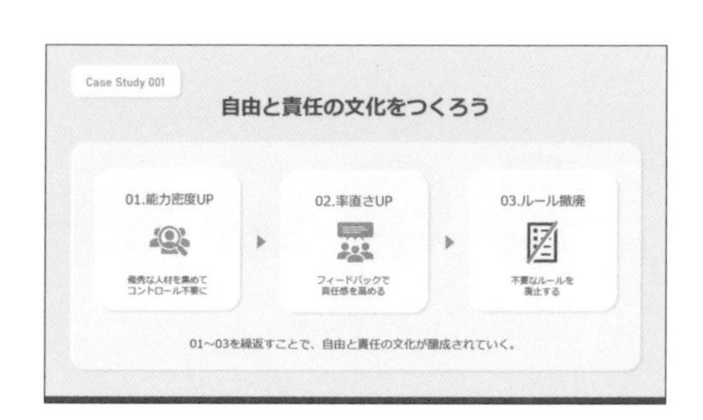

シンプルで洗練された印象のある「ニューモーフィズム」は人気デザインの1つです。一見複雑なデザインに見えますが、ベースカラーとボタンを同じ色にして、右下に暗い影、左上に明るいハイライトを付ければ、PowerPoint でもかんたんに立体的なデザインを作ることができます。

作成編

03

Chapter6

アイコンを使ってスッキリした図解を作る

アイコンを使えば文字数が減り、見た目がスッキリします。内容を表現するアイコンをうまく選び、わかりやすく作りましょう。

サルのようにハマり鳩のように飽きよ

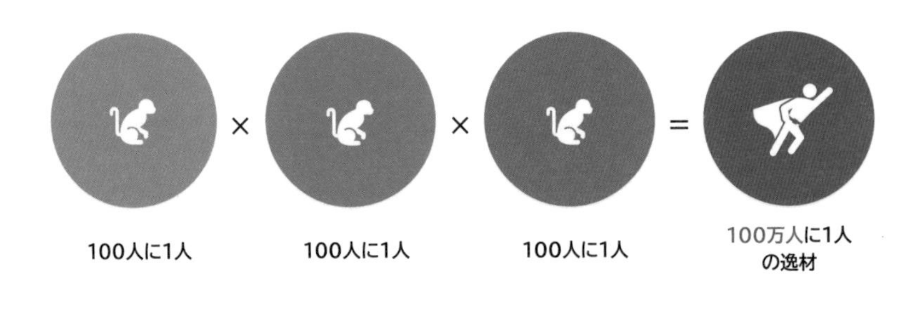

100万人に1人の逸材になれば、唯一無二の存在になり面白い仕事が向こうからやってくる。

フォント｜和文：BIZ UDP ゴシック
配色 ■ #0D0D0D □ #FFFFFF ■ #0F3BF4

作成方法

1 ［ホーム］タブ→［図形描画］→［楕円］から正円（サンプルでは高さ 5.2cm × 幅 5.2cm）を 4 つ作り、ブルー■（#0F3BF4）で塗ります。

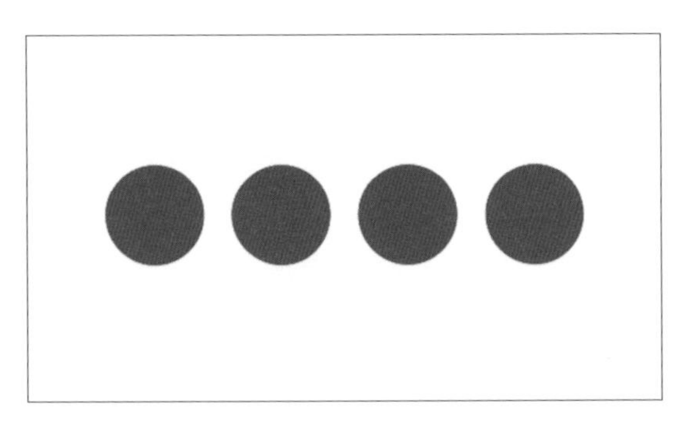

2 正円の［透明度］を、左から「40%」「30%」「20%」「0%」に設定します。

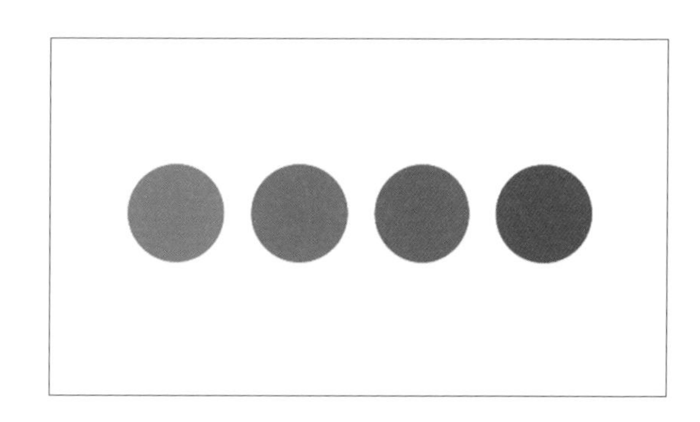

3 「挿入」タブ→［図］→［アイコン］を選択し、検索ウィンドウにキーワードを入力して、使用したいアイコンを探します（サンプルでは「サル」で検索）。アイコンにチェックを付けて［挿入］をクリックし、スライドに追加します。

4 アイコンを選択し、［グラフィックス形式］タブ→［グラフィックのスタイル］→［グラフィックの塗りつぶし］からホワイト□（#FFFFFF）に塗ります。

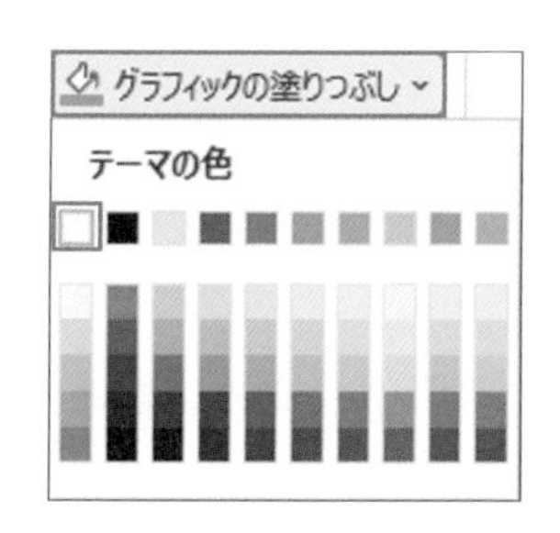

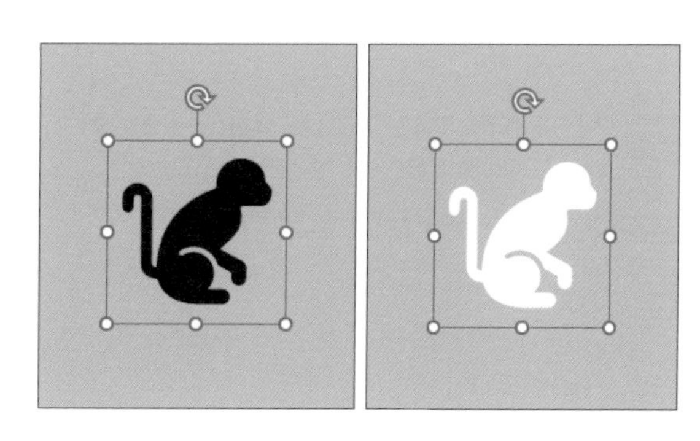

5 追加した各アイコンを正円の上にのせ、各アイコンを選択した状態で、Shift キーを押しながらアイコンの周囲の白丸をドラッグして大きさを調整します。これでアイコンは完成です。

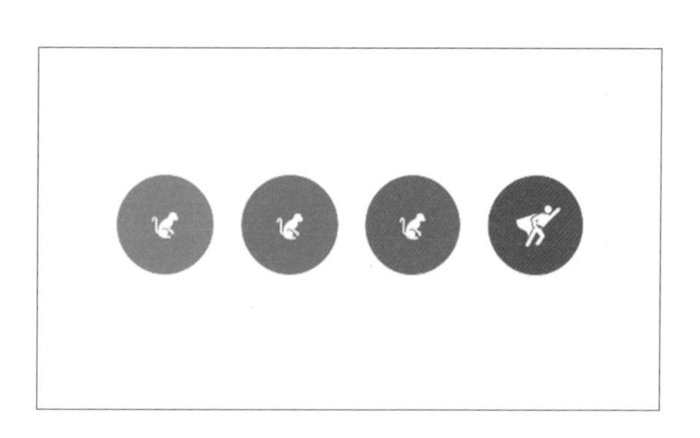

6 正円のパーツの間に「×」や「=」などの文字をブラック■（#0D0D0D）で配置して因果関係を表し、まわりにタイトルと説明文を配置します。

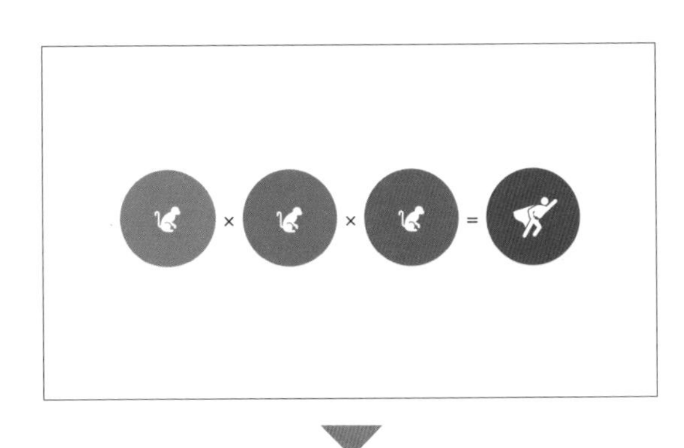

7 タイトルの下にブルーで線（幅：4pt）を引き、スライド下部に長方形のあしらいを作ります。

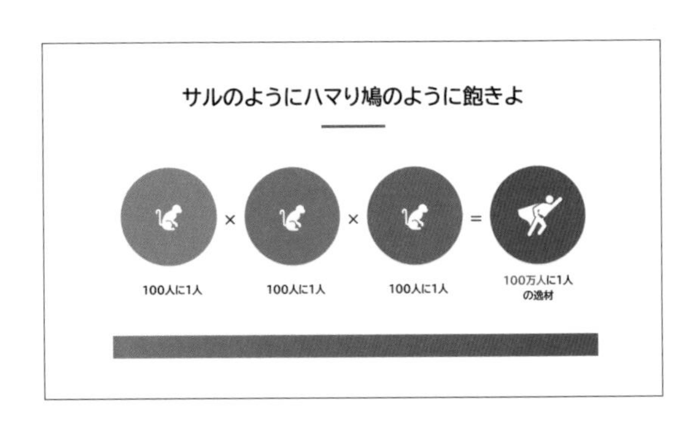

8 長方形のあしらいをブルーのグラデーションで塗ります。［グラデーションの分岐点］は「位置：0%／透明度：30%」「位置：100%／透明度：0%」に設定します（→グラデーションの設定方法はP.38参照）。

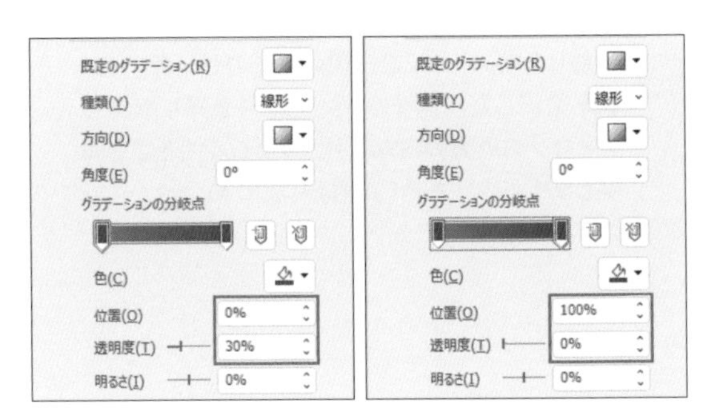

9 長方形のあしらいの上にホワイト□（#FFFFFF）で文字を配置したら完成です。

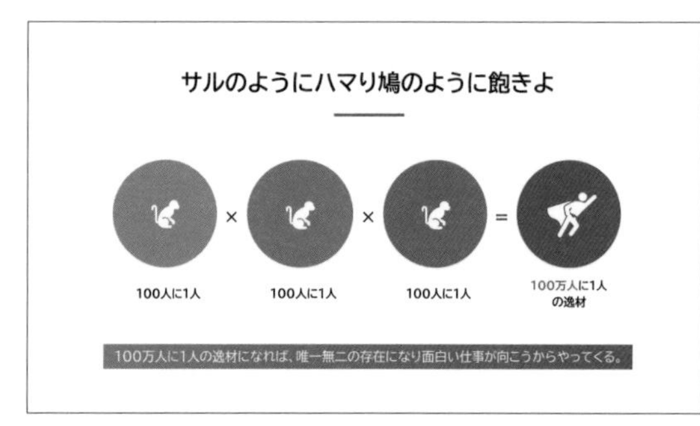

Other Variation

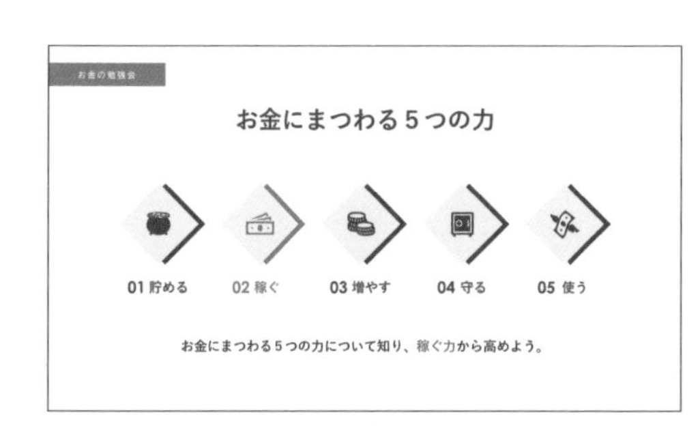

モノトーンベースのスライドのなかで、ポイントとなる項目だけ、アイコンとあしらいの色を変えて強調した例です。フローチャートなどで注目してほしい部分をアピールする場合にこのようなデザインを活用すると、聴衆にわかりやすいスライドにすることができます。

作成編

04

Chapter6

順序・階層・時間を図解でわかりやすく表現する

図形を縦横に並べれば、順序・階層・時間などを表せます。ここでは、3D 回転させた半透明の正方形を重ねて美しく表現しましょう。

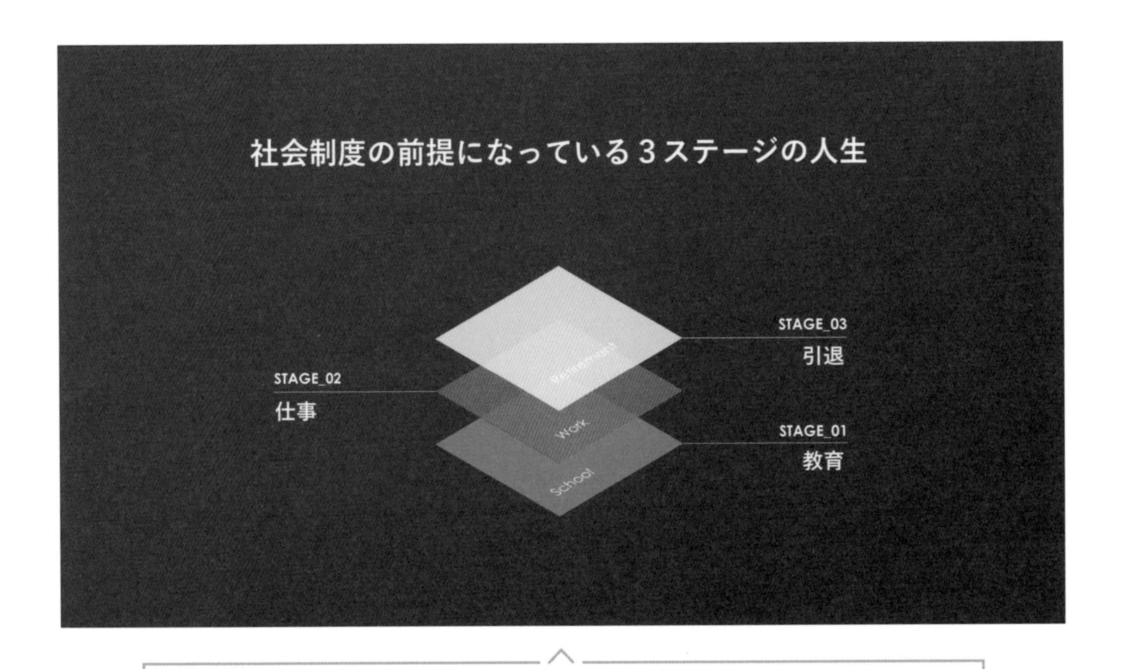

フォント｜ 和文：游ゴシック　欧文：Century Gothic
配色　□ #FFFFFF　■ #0E2784　■ #08174C　■ #F12E90　■ #82A4E3

作成方法

1 背景をブルーのグラデーションで塗ります。[グラデーションの分岐点] は「位置：0％／■ (#0E2784)」「位置：100％／■ (#08174C)」に設定します (→グラデーションの設定方法はP.38参照)。

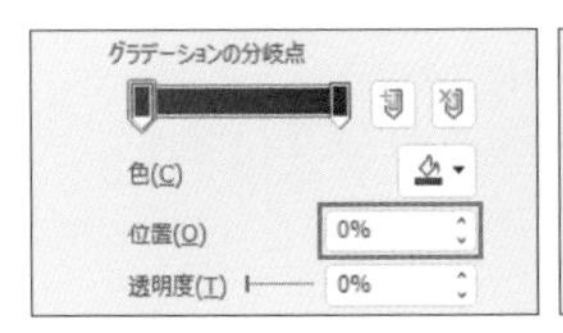

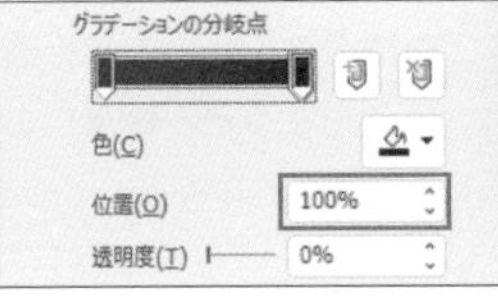

2 正方形（サンプルでは高さ 5.8cm × 幅 5.8cm）を作って、ブルー■（#82A4E3 ／透明度：40%）で塗ります。

3 ［図形の書式設定］タブ→［文字のオプション］→［テキストボックス］から、「垂直方向の配置：下揃え／左余白：0.7cm ／右余白：0cm ／上余白：0cm ／下余白：0.7cm」に設定し、ホワイト□（#FFFFFF）の文字を配置します。［ホーム］タブ→［段落］から［左揃え］を選択します。

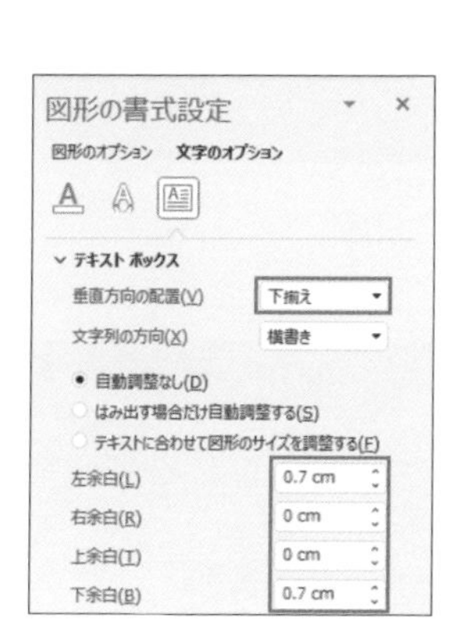

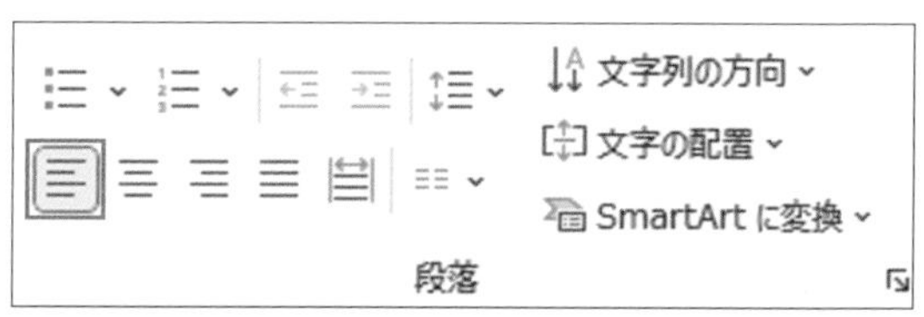

4 ［図形の書式］タブ→［図形のスタイル］→［図形の効果］→［3-D 回転］から［等角投影：上］を選択して正方形を回転させ、3D 回転のパーツを作ります。

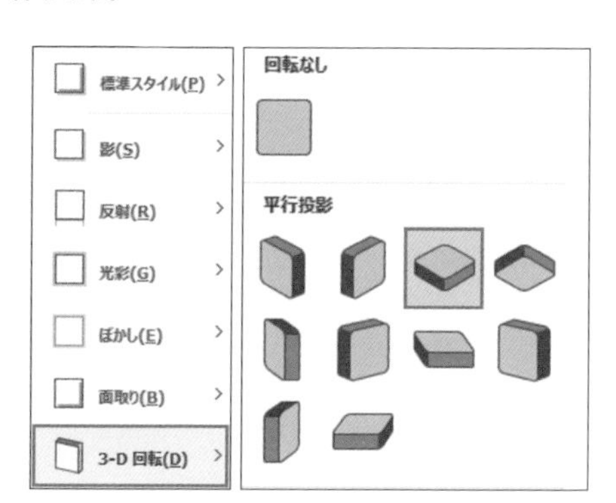

5 同様にピンク■（#F12E90／透明度：20％）とホワイト□（#FFFFFF／透明度：20%）で3D回転のパーツを作って上にずらし、等間隔に配置します。

6 3D回転のパーツから横にホワイトの線（幅：0.5pt）を引きます。

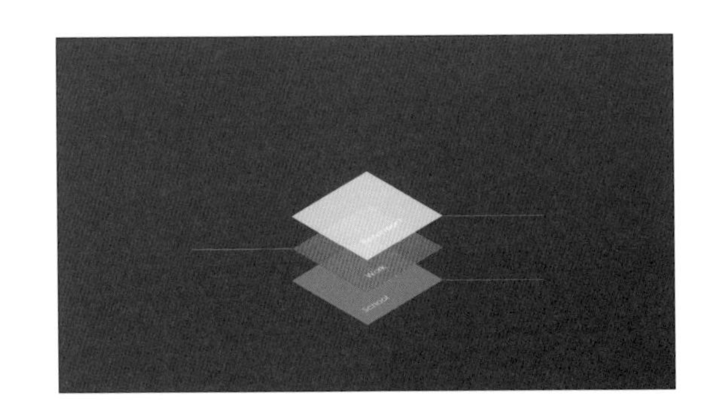

7 ホワイトでタイトルや文字を配置したら完成です。

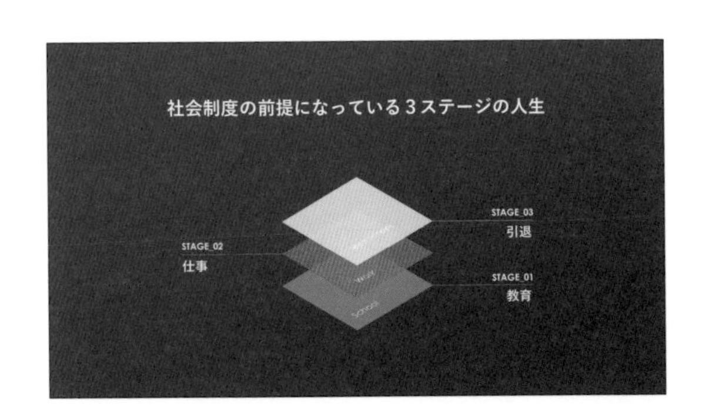

Other Variation

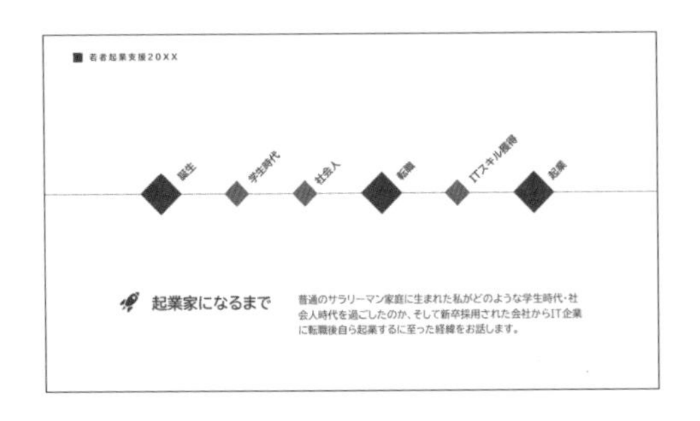

横線の上に正方形を配置して項目を記載すれば、タイムラインを表すことができます。正方形と文字を斜めに配置することで、スペースを圧縮すると同時に、デザイン性も高めています。斜めに配置すると読みづらくなる場合は、正方形の上下に文字を配置する方法もよく使われます。

作成編

05

Chapter6

インフォグラフィックで情報を記号化する

アイコンや図形を組み合わせれば、情報をインフォグラフィックで表現できます。ここではピクトグラムで数字を表現してみましょう。

役員・管理職に占める女性比率

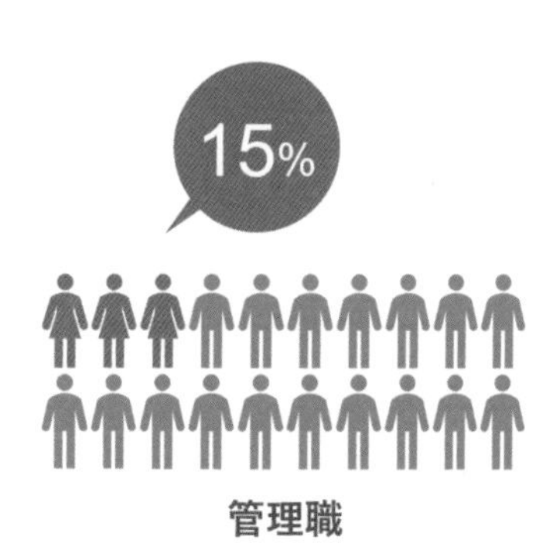

フォント｜ 和文：游ゴシック　欧文：Arial

配色　■ #404040　□ #FFFFFF　■ #870A30　■ #D43790　■ #7F7F7F

作成方法

1 長方形（サンプルでは高さ 17.7cm × 幅 32.6cm）を「塗りつぶしなし／線の幅：3pt」で作成して、スライドにダークグレーの囲みを作ります（→囲みの設定方法は P.44 参照）。

2 スライドに男女のアイコン（サンプルでは「人」で検索）をそれぞれ追加します（→アイコンの使用方法はP.133参照）。

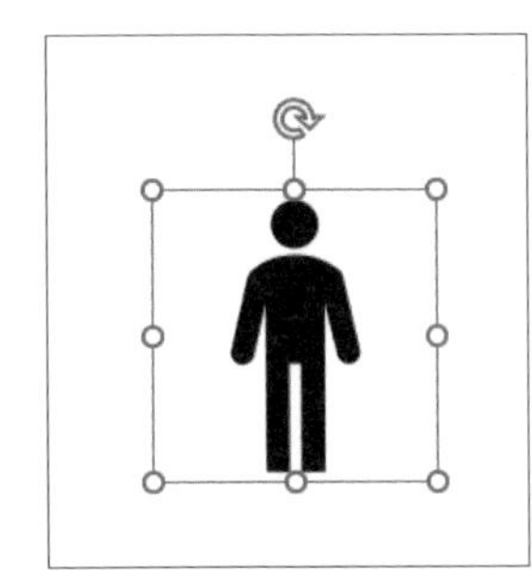

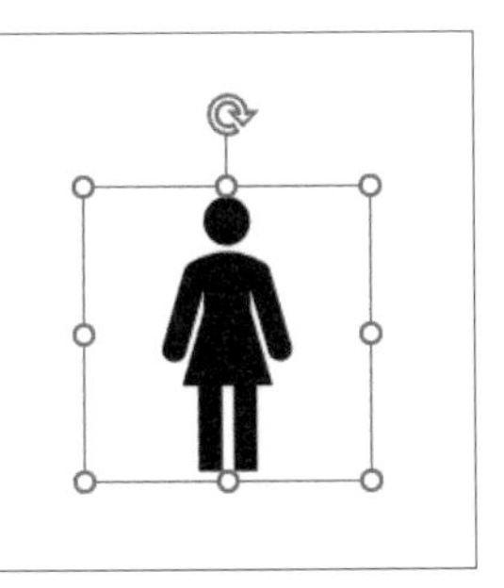

3 サンプルでは、役員（左側）と管理職（右側）の女性比率を男女のアイコンで表現します。比率を表現するために何人分の女性アイコンが必要か計算（サンプルでは20人×5%＝1人、20人×15%＝3人）し、それをもとに男女のアイコンを Ctrl ＋ D キーで複製して、左右に20個ずつ並べます。

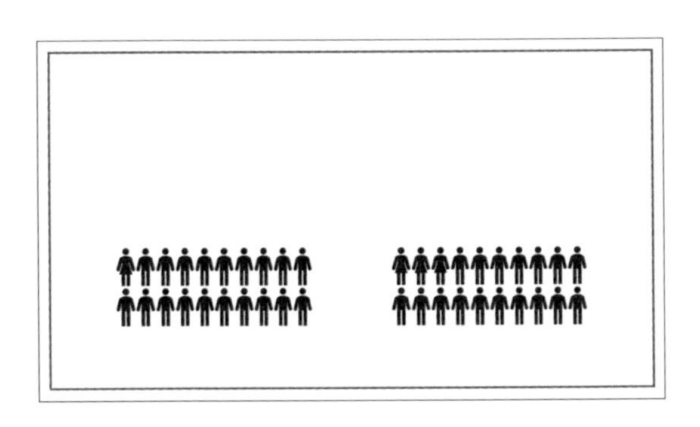

4 男性のアイコンをグレー■（#7F7F7F）、女性のアイコンをダークレッド■（#870A30）とピンク■（#D43790）で塗ります。

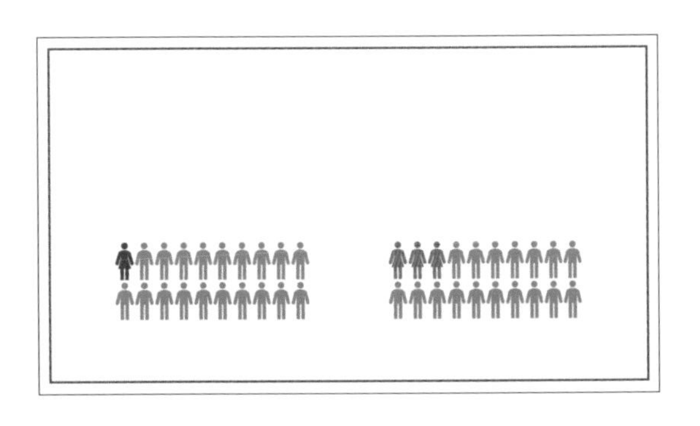

5 正円（サンプルでは高さ3.6cm×幅3.6cm）と三角形（高さ1cm×幅0.3cm）を2つずつ作ります。

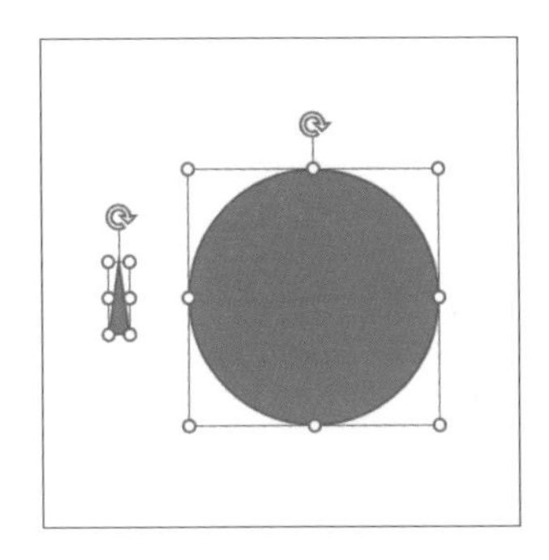

6 正円と三角形を右のように組み合わせて吹き出しを2つ作ります。

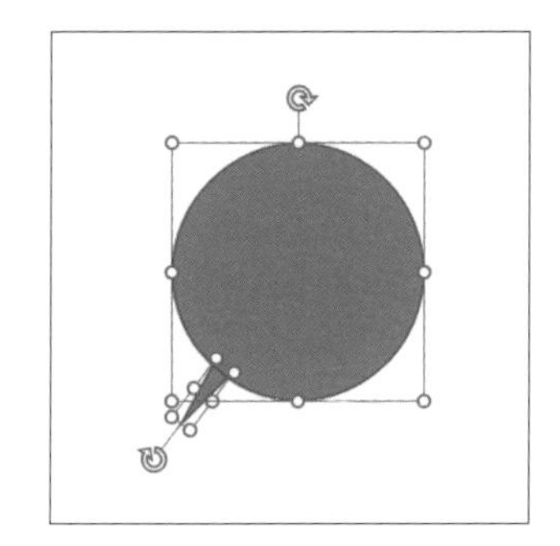

7 それぞれの吹き出しを Ctrl + G キーでグループ化し、「線なし」にして、それぞれダークレッドとピンクで塗ります。

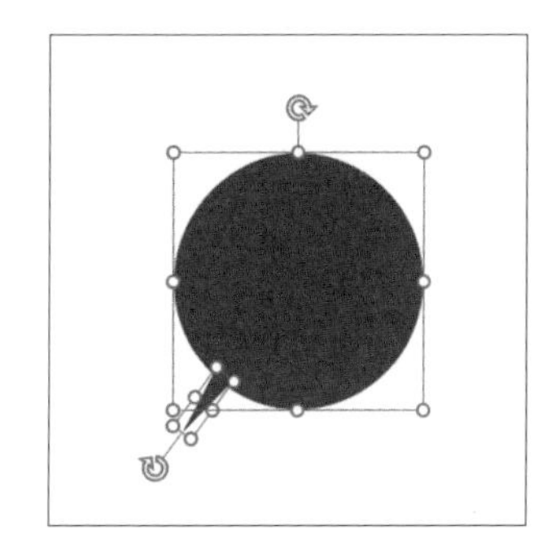

8 女性のアイコンの上に吹き出しを配置します。

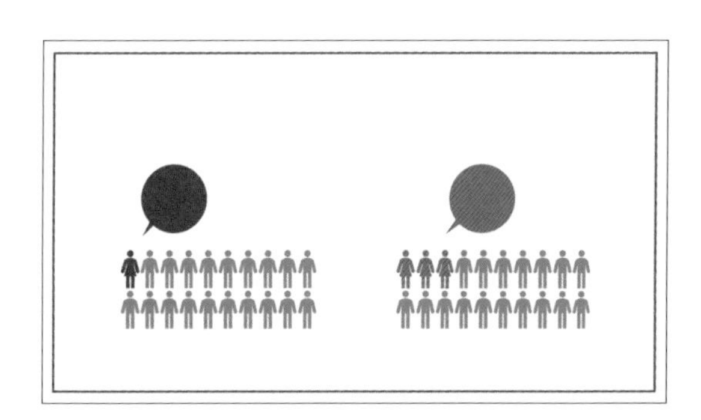

9 吹き出しの上にテキストボックスを開き、ホワイト□（#FFFFFF）の文字で割合を入力します。

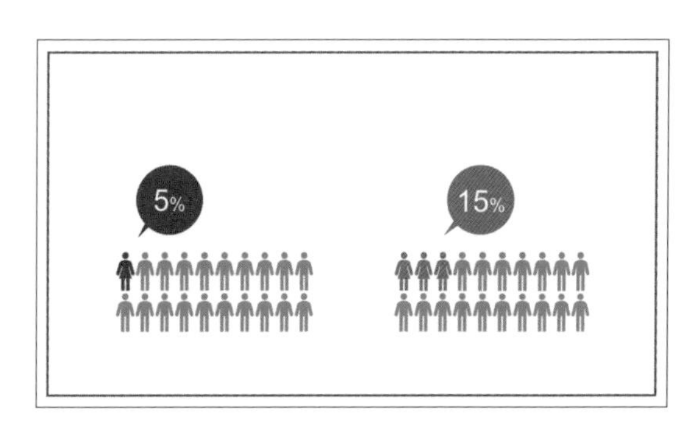

10 タイトルと説明文をダークグレー■（#404040）で配置したら、インフォグラフィックの完成です。

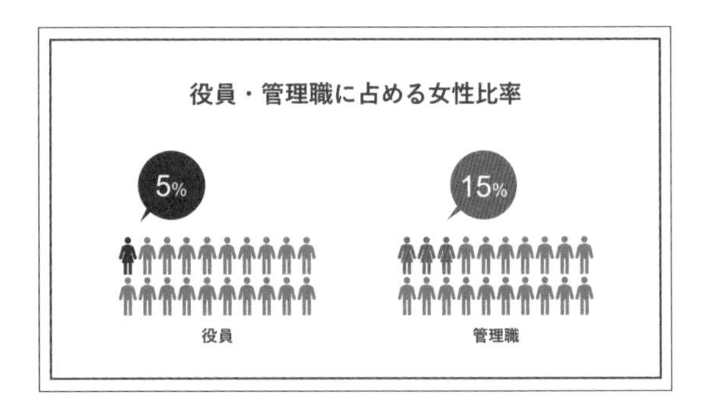

Other Variation

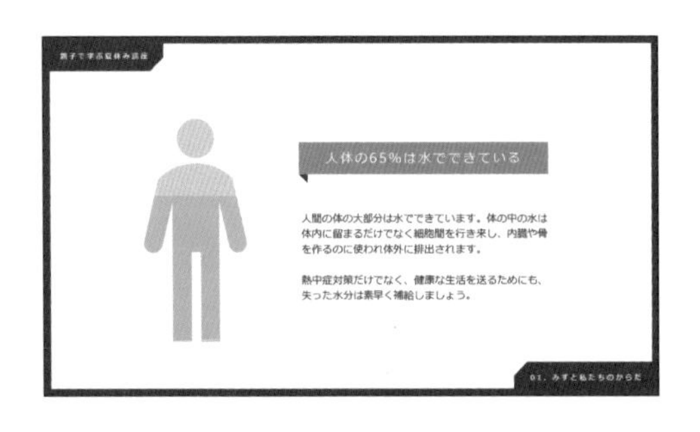

本文の作例ではピクトグラムの数で数字を表現しましたが、ピクトグラムの一部分を塗ることで割合を表すこともできます。こちらの例ではピクトグラムと図形を組み合わせて、体内の水分の割合を表現してみました。

Column

Chapter6 のスライドを作成するにあたり、以下の書籍を参考にしています。

■参考文献

・ジェイエル・コリンズ『父が娘に伝える自由に生きるための 30 の投資の教え』ダイヤモンド社、2020 年
・スティーブン・R・コヴィー『完訳 7 つの習慣 人格主義の回復』キングベアー出版、2013 年
・ユヴァル・ノア・ハラリ『ホモ・デウス 上下合本版』河出書房新社、2022 年
・リード・ヘイスティングスほか『NO RULES 世界一「自由」な会社、NETFLIX』日経 BP、2020 年
・堀江貴文『多動力』幻冬舎、2019 年
・両@リベ大学長『本当の自由を手に入れる お金の大学』朝日新聞出版、2020 年
・リンダ・グラットン『LIFE SHIFT—100 年時代の人生戦略』東洋経済新報社、2016 年

作成編

Chapter

写真でイメージを強調する 〉

言語よりも視覚のほうが多くの情報を伝えることができるとされています。コンテンツのイメージに見合った写真をスタイリッシュに駆使して、メッセージや雰囲気がひと目で伝わるようにしましょう。

作成編

01

Chapter7

スライドいっぱいの写真でメッセージを伝える

いっぱいに広げた写真に文字を重ねてメッセージを強調しましょう。写真の上に半透明のマスクをのせると文字が読みやすくなります。

フォント｜和文：メイリオ　欧文：Segoe UI
配色　□ #FFFFFF　■ #7F7F7F　■ #000000

作成方法

1 ストック画像から好みの写真（サンプルでは「夜明け」で検索）を選び、背景に貼り付けます（→ストック画像の使用方法はP.31参照）。

2 写真の上にマスク用の長方形（サンプルでは高さ19.05cm ×幅 33.87cm）を作ります。

3 長方形を右クリックして［図形の書式設定］から［塗りつぶし（グラデーション）］を選択し、［種類］を「線形」、［方向］を「下方向」、［グラデーションの分岐点］を「位置：50％／透明度：100%」「位置：100％／透明度：40％」のブラック■（#000000）で設定します（→グラデーションの設定方法は P.38 参照）。

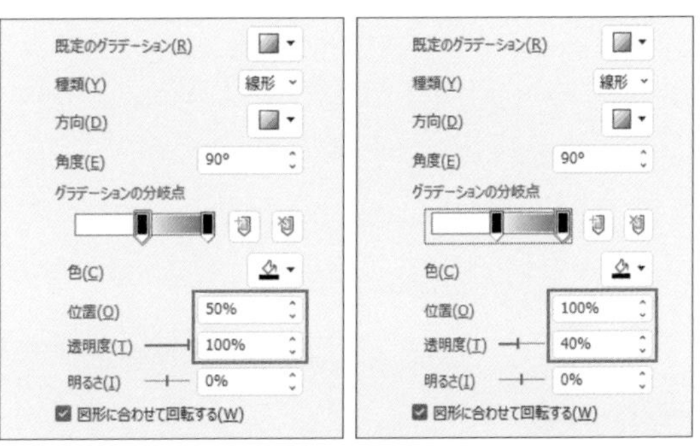

4 写真の上にテキストボックスを開いて、マスクでトーンを落としたスライド下部にホワイト□（#FFFFFF）の文字でメッセージを配置し、グレー■（#7F7F7F）のロゴと文字を左上に配置したら完成です。

Other Variation

写真の上に半透明の帯をのせ、さらにその上に背景透過した写真を重ねることで、奥行きのあるスライドに仕上がります。一番上にのせた写真は［図の形式］タブ→［調整］→［色］から［透明色を指定］を選択して、写真の背景を透明にしています。※このスライド内で使われている写真は、ストックフォトサービスのものを利用しています。ダウンロードデータには含まれていません。

Column トーンを全体的に落とす

今回の作例では写真の一部のトーンを落としましたが、写真のトーンを全体的に落とすこともできます。必要に応じて、以下の手順でチャレンジしてみましょう。

1 写真の上に長方形（サンプルでは高さ 19.05cm ×幅 33.87cm）のマスクを作り、「線なし／ブラック／透明度：75%」で塗ります。

2 写真の中央にテキストボックスを開いて、ホワイトの文字を配置し、左上にロゴと文字を配置したら完成です。

作成編

02

Chapter7

写真と文字をなじませながら組み合わせる

写真と文字を組み合わせる場合、シンプルなものを組み合わせたり、写真と文字の色を揃えたりすれば、一体感を高められます。

フォント｜和文：BIZ UDP ゴシック　欧文：Bahnschrift
配色　□ #FFFFFF　■ #00212C　■ #D5CFC3

作成方法

1 背景をベージュ■（#D5CFC3）で塗ります。

2 長方形（サンプルでは高さ19.05cm × 幅16.93cm）を右側に配置して、ブラック■（#00212C／線なし）で塗ります。

3 ストック画像から好みの写真（サンプルでは「白建築」で検索）を選び、ドラッグとトリミングで大きさを調整（サンプルでは高さ16.3cm × 幅15.5cm）します（→ストック画像の使用方法はP.31参照）。できたら、ブラックに塗った長方形の左辺に揃えて、[図の形式]タブ→[配置]→[配置]から[上下中央揃え]を選択します。

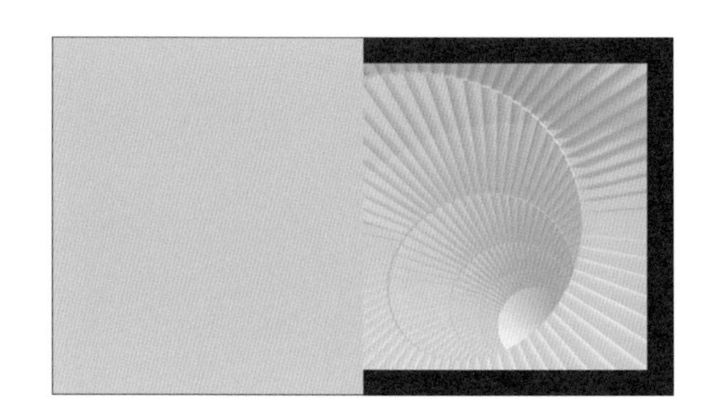

4 スライドの左側に長方形（サンプルでは高さ16.3cm ×幅15.5cm）を配置して、ブラック（線なし）で塗ります。できたら、写真と左右対称になるように配置します。

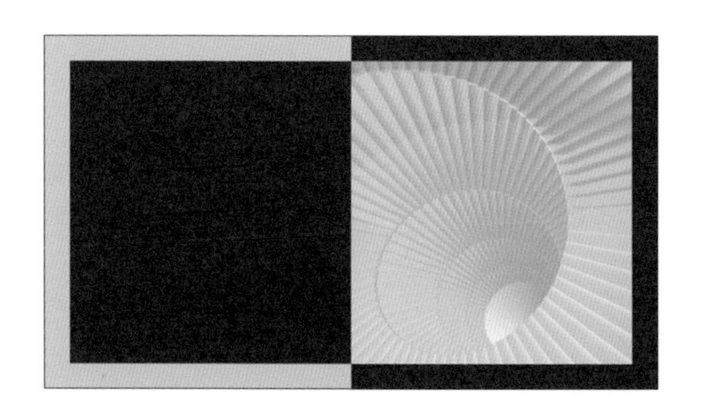

5 正円（サンプルでは高さ1cm ×幅1cm）を作ってベージュで塗り、その上にテキストボックスでブラックの数字を配置します。右側にホワイト□（#FFFFFF）の文字で項目名を配置します。

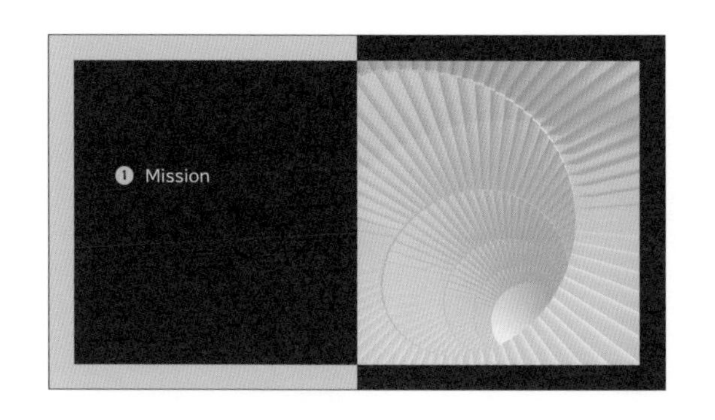

6 数字の正円と項目名を Ctrl + D キーでいくつか複製して、縦に等間隔に配置します。

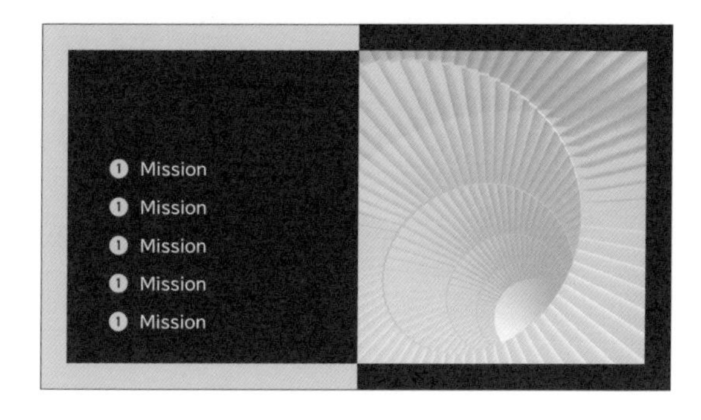

7 それぞれの数字と項目名を書き換えます。

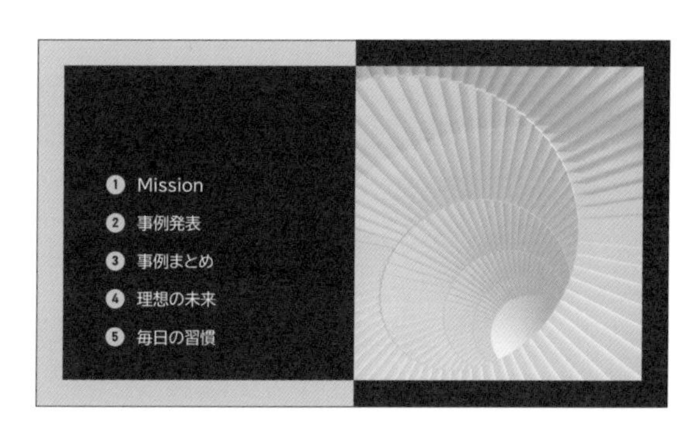

8 ホワイトでタイトルなどを配置したら完成です。

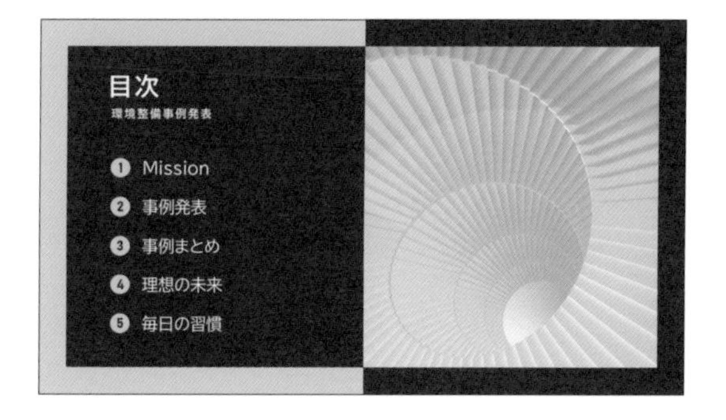

Other Variation

文字情報のスペースを広くした例です。文字フォントが大きくても、余白がなく情報が詰め込まれていると、どこを見てよいかわからず、かえって読みづらくなります。作例のようにたっぷり余白を設ければ、伝えたい部分が明確になり、クリーンな印象のスライドに仕上げられます。

作成編

03

Chapter7

写真のトーンを調整してスライドの雰囲気を演出する

写真の彩度や色相を調整して、印象をガラッと変えてみましょう。特に複数の写真を使う場合、トーンを統一すると効果的です。

フォント｜ 和文：游ゴシック　欧文：Arial
配色　□ #FFFFFF　■ #404040

作成方法

1 ストック画像から好みの写真（サンプルでは「海」で検索）を選び、ドラッグとトリミングでスライドの半分の大きさ（サンプルでは高さ 19.05cm × 幅 16.93cm）に調整して、スライドの左側に貼り付けます（→ストック画像の使用方法は P.31 参照）。

2 スライドの右側にも同様に別の写真を貼り付けます。

3 左側の写真を選択し、[図の形式] タブ→ [調整] → [色] → [色の彩度] から [彩度 : 33%] を選択し、写真の彩度を少し落とします。右側の写真も同様に彩度を少し落とします。

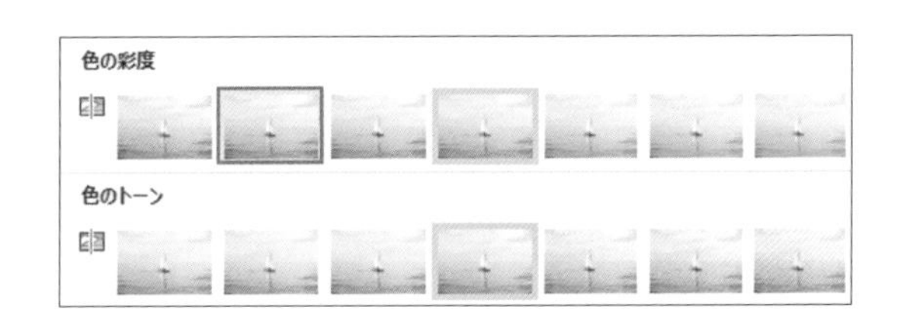

4 写真の上に長方形のあしらい (サンプルでは高さ 8.8cm × 幅 11cm) を作り、ダークグレー■ (#404040 /線なし) で塗ります。

5 あしらいの上にホワイト□（#FFFFFF）で文字を配置したら完成です。

Other Variation

作例はペールトーンの優しい雰囲気でしたが、色数を減らすと大人っぽくクールな印象も作れます。[図の形式] タブ→ [調整] → [色] → [色の変更] から、[青、アクセント1（濃）] などを選択して写真をブルーに変更し、ビジネスで使いやすい落ち着いた雰囲気の配色を作ってみましょう。
※このスライド内で使われている写真は、ストックフォトサービスのものを利用しています。ダウンロードデータには含まれていません。

Column ホワイトのマスクでトーンを調整する

写真の上にマスク用の長方形（サンプルでは高さ19.05cm×幅33.87cm）を作り、ホワイト（線なし／透明度：75%）で塗ると、明るく爽やかな雰囲気でまとめることができます。

作成編

04

Chapter7

困ったときは モノクロ写真の力に頼る

イメージに合う写真が見つからないときなどは、モノクロの建築写真や人物写真を効果的に使い、知的で美しく仕上げましょう。

>>> OUR PROJECT

■ デザインコンサル

デザインの力で、まだ知られていない日本の中小企業の商品とサービスの質の高さを世界中に伝えます。

■ プログラミング教育

プログラミング教育のほか、世界中でクオリティの高いデザインを学べるWebサービスをつくる。

■ フードサービス

50年の伝統を活かし、高知の食文化を土台にして日本食や文化のすばらしさを世界に伝えていきます。

フォント｜ 和文：BIZ UDP ゴシック　欧文：Bahnschrift

配色 ■ #404040 □ #FFFFFF ■ #66D2D6 ■ #FBC740 ■ #E56997

作成方法

1 ストック画像から好みのモノクロ写真（サンプルでは「白　建築」で検索）を選び、ドラッグとトリミングで大きさを調整（サンプルでは高さ 7.9cm × 幅 33.87cm）して、スライドの上部に貼り付けます（→ストック画像の使用方法はP.31参照）。

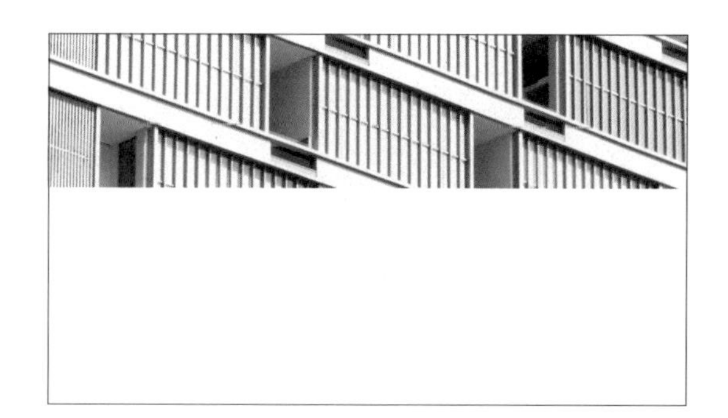

2 テキストボックスを開き、「■」(しかく) を入力してあしらいを作り、アクア■ (#66D2D6) で塗ります。あしらいの右と下にグレーで文字を配置し、全体を Ctrl + G キーでグループ化します。

3 グループ化したテキストボックスを Ctrl + D キーで複製して、左右に均等に配置します。複製したあしらいの色を、イエロー■ (#FBC740)、ピンク■ (#E56997) にそれぞれ変更して、文字部分を変更します。

4 スライドの右上でテキストボックスを開き、「>」(だいなり) を 3 つ入力したあしらいを作り、アクア、イエロー、ピンクのマルチカラーでそれぞれ塗ります。同様のあしらいを使用したグレー■ (#404040) のタイトルを中央に配置し、グレーの長方形 (サンプルでは高さ 0.2cm ×幅 17cm／高さ 0.2cm ×幅 12cm) で 2 つのあしらいを作り、スライドの左上と右下に配置したら完成です。

Other Variation

モノクロの建築写真には建物のデザインや素材感を際立たせる効果があり、写真自体に力強い印象があります。企業スライドでも、高層ビル群の写真や本社ビルの写真を使用して、ビジネスで成功しているイメージを伝え、安定感や信頼感を出すことができます。

作成編

Chapter

イラストで魅力的に装飾する〉

デザイン豊かなイラストを配置すれば、スライドがより華やかで魅力的になります。単に配置するだけでなく、テイストや色合い、レイアウトなどを考慮して、より効果的に装飾しましょう。

作成編

01

Chapter8

まずはイラストを１つだけスライドに置いてみる

小さなイラストを文字の下に１つ置くだけでも見映えがよくなります。内容に関連するイラストを選んでシンプルにまとめましょう。

夏休みに英語力をアップしよう

サマースクール説明会

フォント｜ 和文：游ゴシック

配色 ■ #3B3838 □ #FFFFFF ■ #C8DF52

作成方法

1 ［挿入］タブ→［画像］→［画像］→［ストック画像］から［イラスト］を選択し、検索ウィンドウにキーワードを入力してイラストを探します（サンプルでは「装飾」で検索）。イラストにチェックを付けて、［挿入］をクリックしてスライドに挿入します。

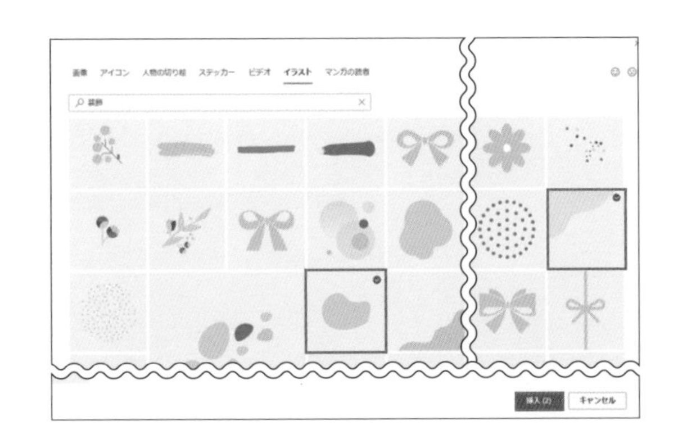

2 挿入したイラストを確認します。今回はスライムのような「ブロブ」(Blob)のイラストを2つ挿入しましたが、ここでは左を「ブロブA」、右を「ブロブB」と呼びます。

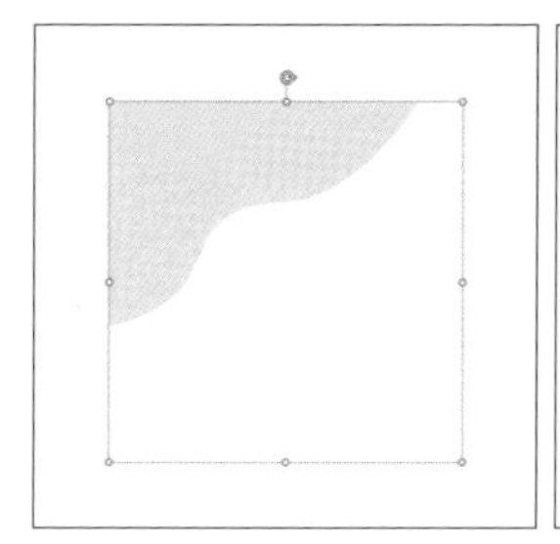

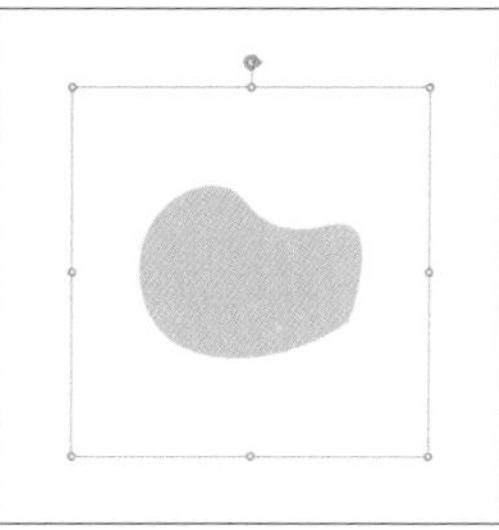

3 ブロブAをスライドの左上にぴったりと配置します。ブロブBは「高さ18.4cm×幅18.4cm／310°」に設定して、右下に少しはみ出るように配置します。

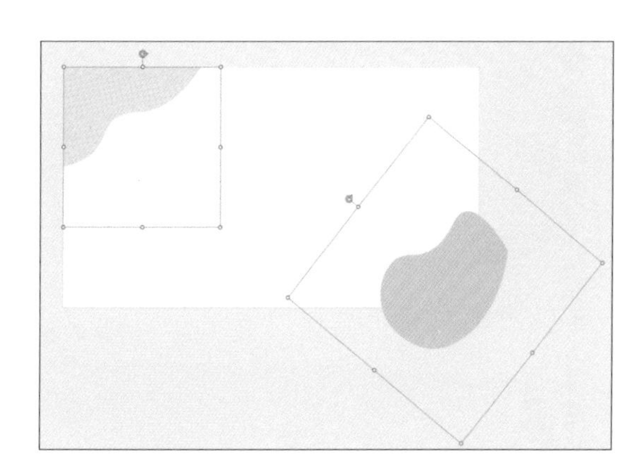

4 ブロブのイラストを選択し、通常の図形と同様にグリーン■(#C8DF52)で塗ります。正方形と三角形を組み合わせて吹き出しを作り、ダークグレー■(#3B3838)の文字でタイトルなどを記入します(→吹き出しの作成方法はP.55参照)。ストック画像からイラストを選び(サンプルでは「バス」で検索)、周囲の白丸をドラッグして大きさを調整し、文字の下に配置したら完成です。

Other Variation

方眼紙の上にイラストを配置した例。ノートっぽい背景と相性のよい文房具などのイラストを合わせることで、スライドの統一感を際立てています。イラストのほか、手書き文字や付箋などのデザインと組み合わせることでも、学校らしさや研修らしさのあるスライドになります。
※このスライド内で使われているイラストは、ストックフォトサービスのものを利用しています。ダウンロードデータには含まれていません。

作成編

02

Chapter8

イラストでスライドを囲んで華やかに飾る

植物やブロブなどのイラストでまわりを囲むと華やぎます。特にタイトルスライドはほかのスライドより多く飾って強調しましょう。

フォント｜ 和文：游ゴシック Medium

配色 ■ #262626 □ #F2F2F2 ■ #FFC000

作成方法

1 ストック画像からイラスト（サンプルでは「オリーブ」で検索）を2種類を選び、Ctrl＋D キーで複製して、2つずつ配置します（→イラストの使用方法は P.156 参照）。

2 ［グラフィックス形式］タブ→［配置］→［回転］から［上下反転］［左右反転］を選択すれば、イラストを上下または左右に反転させることができます。

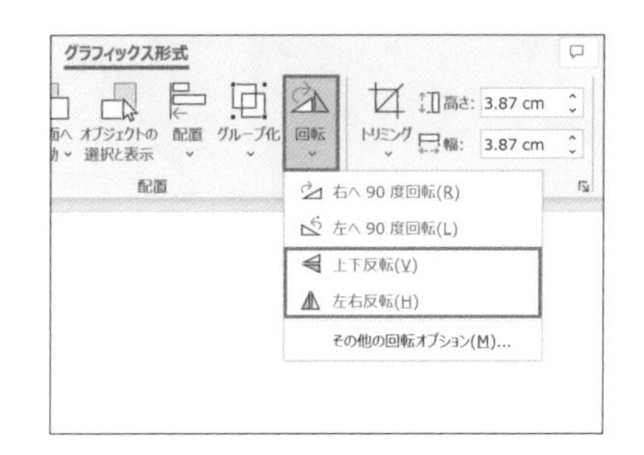

3 複製したイラストを反転させて、植物のパーツを全部で4種類作ります。

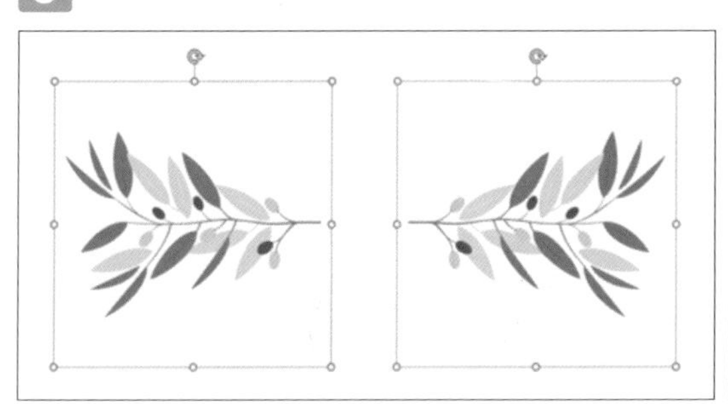

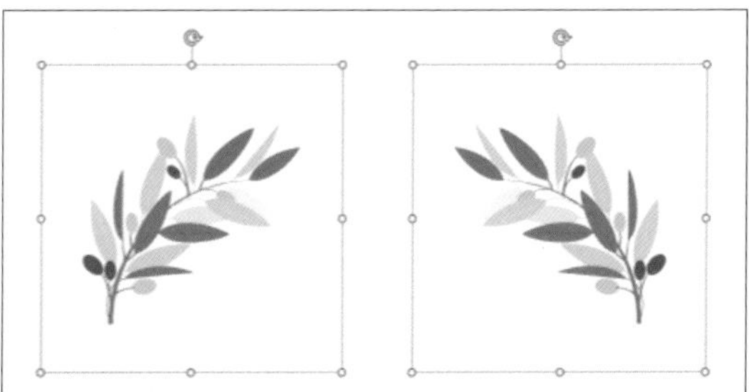

4 スライドのまわりに植物のパーツをバランスよく配置します。スライドの中央にダークグレー■(#262626)の文字と、イエロー■(#FFC000)正円のあしらいをのせて、背景をライトグレー□(#F2F2F2)で塗ったら完成です。

Other Variation

ストックイラストのブロブでまわりを囲んで、SNS用のサムネイルを作成した例。色の違うブロブを重ねて配置することで、スライドに奥行きが生まれます。また、不規則な形のブロブを活用することで、流れや動きのあるデザインになり、注目を集めることができます。

作成編

03

Chapter8

イラストのテイストを統一して一体感を強める

同じスライド内で使用するイラストのテイストはできるだけ統一して、全体を通して見ても違和感のないデザインに仕上げましょう。

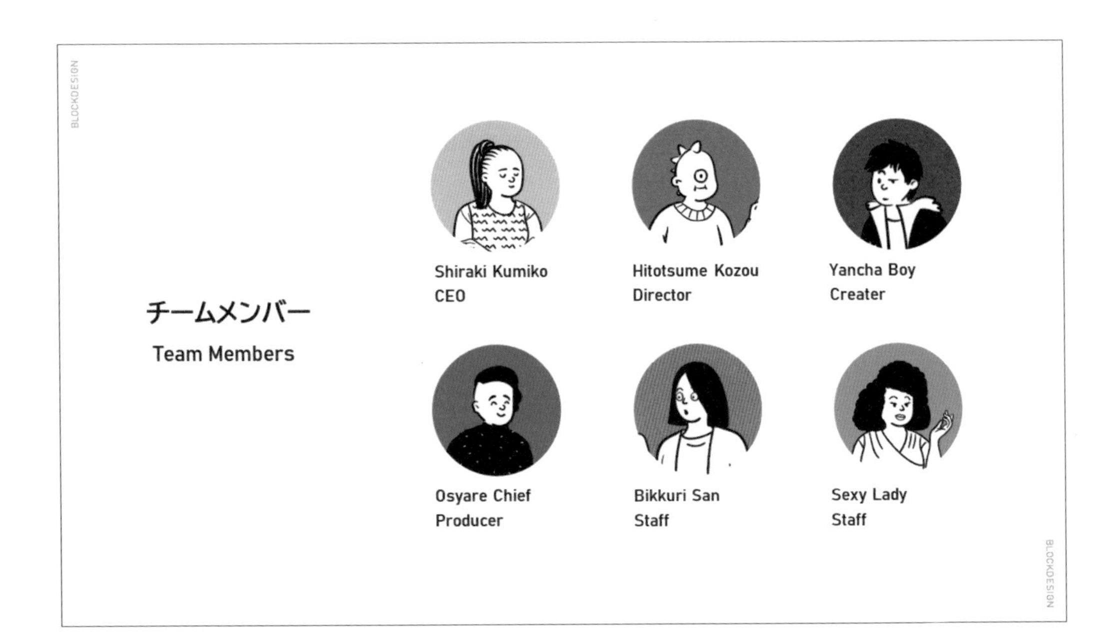

フォント｜ 和文：BIZ UDP ゴシック　欧文：Bahnschrift

配色　■ #0D0D0D　■ #A6A6A6　□ #FFFFFF　■ #F5D201　■ #03836B　■ #B7011C　■ #0076B8　■ #FE6883　■ #02A7CE

作成方法

1 写真の上にマスク用の長方形（サンプルでは高さ 19.05cm ×幅 33.87cm）を作り、ホワイト□（#FFFFFF／線なし）で塗ります。

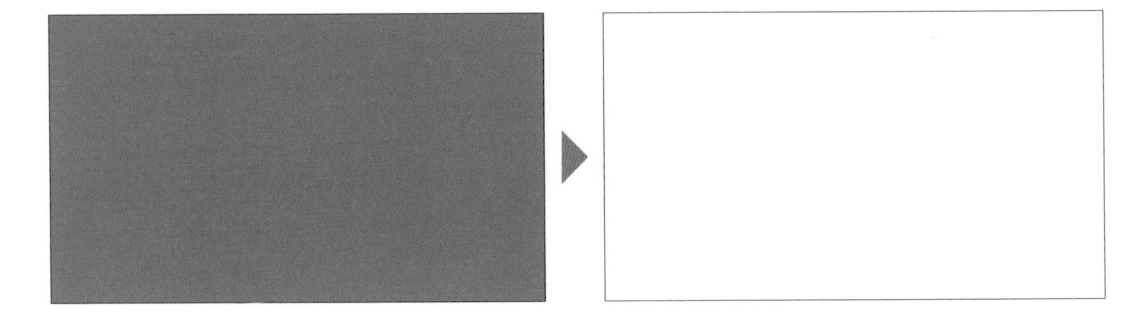

2 ガイド用の長方形（サンプルでは高さ 11.7cm × 幅 17.8cm）を作り、線をレッドなどのわかりやすい色（塗りつぶしなし）にします。正円（高さ 4.3cm ×幅 4.3cm）を 6 つ作ってガイドの内側に均等に並べ、別のスライド（スライド A）にコピーします。

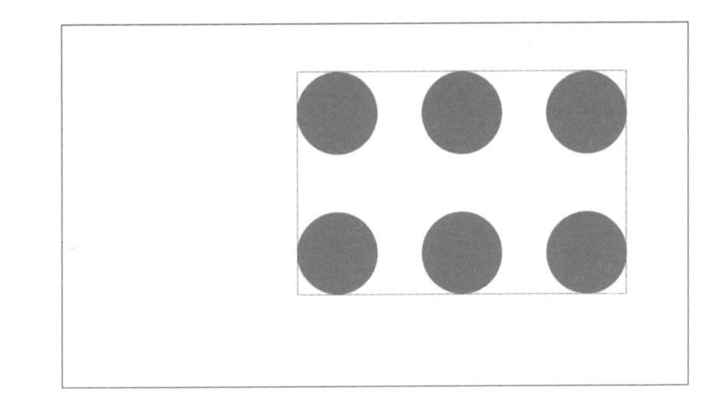

3 ［挿入］タブ→［画像］→［画像］→［ストック画像］→［マンガの読者］を選択して、好みのコミック風のイラストにチェックを付け、［挿入］をクリックします。今回は 6 つ選択して挿入します。

4 正円の上にイラストの顔部分がくるように並べ、必要に応じて［図形の書式］タブ→［配置］→［回転］→［左右反転］を選択して左右反転させます。Shift キーを押しながらイラスト 6 つだけを選択して、Ctrl + C キーでコピーします。

5 別のスライド（スライド B）を作成して開き、Ctrl + V キーで貼り付けます。

6 2で作成したスライドAを開き、ガイド枠を削除します。

7 Shift キーを押しながら、ホワイトのマスク→正円6つの順に選択し、［図形の書式］タブ→［図形の結合］から［単純型抜き］を選択して、丸い窓を開けます。なお、サンプルではわかりやすいように背景をライトグレーにしています。

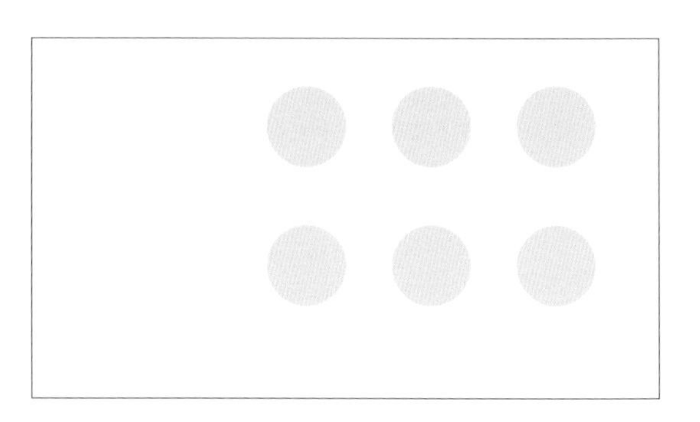

8 5で作成したスライドBを開き、イラストの上に正方形（サンプルでは高さ6cm×幅6cm）を6つ配置します。

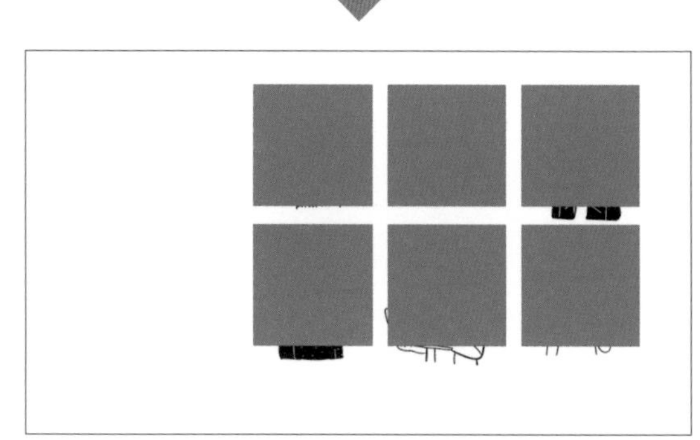

9 それぞれの正方形を、イエロー■（#F5D201）、グリーン■（#03836B）、レッド■（#B7011C）、ブルー■（#0076B8）、ピンク■（#FE6883）、ライトブルー■（#02A7CE）のマルチカラーで塗ったら、Shift キーを押しながら正方形6つだけを選択します。そのまま右クリックし、［最背面へ移動］を選択します。

10 7で作成した穴あきマスクをコピー＆ペーストしてのせます。できたら、穴あきマスクの上にブラック■（#0D0D0D）とグレー■（#A6A6A6）で文字を配置して完成です。

Other Variation

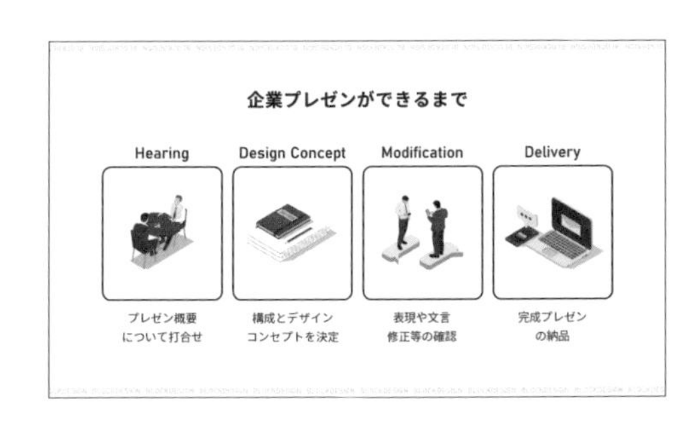

アイソメトリックのイラストは、ビジネスパワポでもよく使われる人気のデザインです。アイソメトリックのイラストを使用するだけで、対象物を斜め上から見下ろしたような立体的な表現ができるので、かんたんにPowerPointのクオリティを高めることができます。
※このスライド内で使われているイラストは、ストックフォトサービスのものを利用しています。ダウンロードデータには含まれていません。

作成編

04

Chapter8

イラストの色を自由に変えて思いどおりのデザインを作る

ストックイラストの色を変えることもできます。スライドのイメージやコーポレートカラーなどに合わせて、配色を変えてみましょう。

フォント｜ 和文：游ゴシック

配色 ■ #4C5270 □ #F2F2F2 ■ #36EEE0 ■ #F652A0 ■ #BCECE0

作成方法

1 長方形（サンプルでは高さ 17cm × 幅 0.7cm）と三角形（高さ 1cm × 幅 2cm）を作って右のように重ねます。Shift キーを押しながら、長方形→三角形の順に選択し、［図形の書式］タブ→［図形の挿入］→［図形の結合］から［単純型抜き］を選択して、長方形を斜めにカットしたあしらいを作ります。次に短めの長方形（高さ 14cm ×幅 0.7cm）と三角形（高さ 1cm ×幅 2cm）で同様にあしらいを作ります。

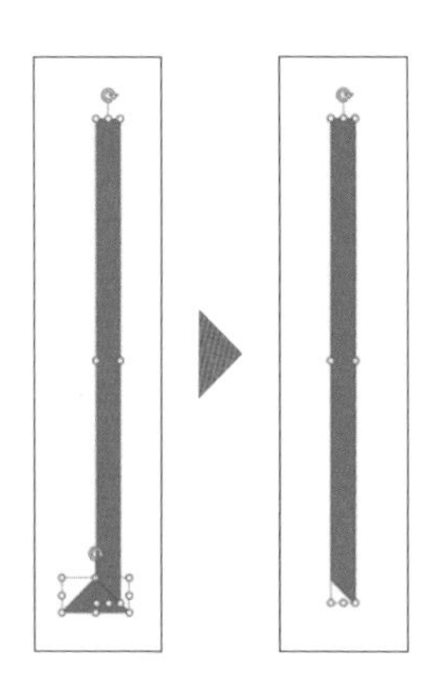

2 長いあしらいをアクア■（#36EEE0）で塗り、短いあしらいをピンク■（#F652A0）で塗ります。長いほうを下にして重ね、Ctrl＋G キーでグループ化したら、スライドの右上に配置します。

3 ストック画像から本のイラスト（サンプルでは「学校」で検索）を選び、［グラフィックス形式］タブ→［サイズ］から大きさを設定（サンプルでは高さ8.2cm×幅8.2cm）し、スライド中央下に配置します。

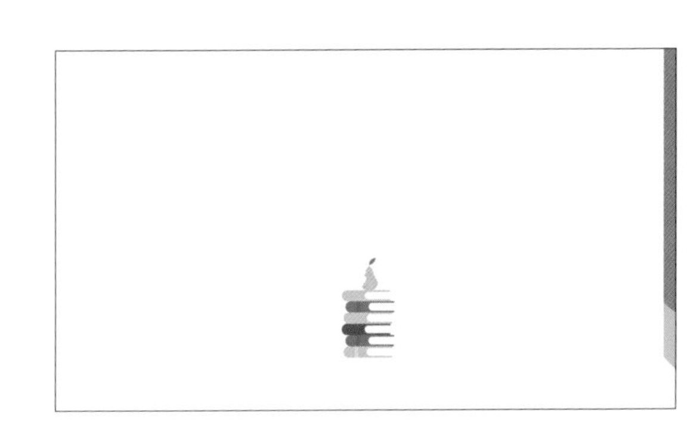

4 ストック画像から丸いドットのあしらいのイラスト（サンプルでは「装飾」で検索）を選び、スライドの左に配置します（→イラストの使用方法はP.156参照）。

5 色を変えたいイラストを選択した状態で Shift ＋ Ctrl ＋ G キーを押します。ポップアップが表示されたら［はい］をクリックして、イラストを描画オブジェクトに変換します。

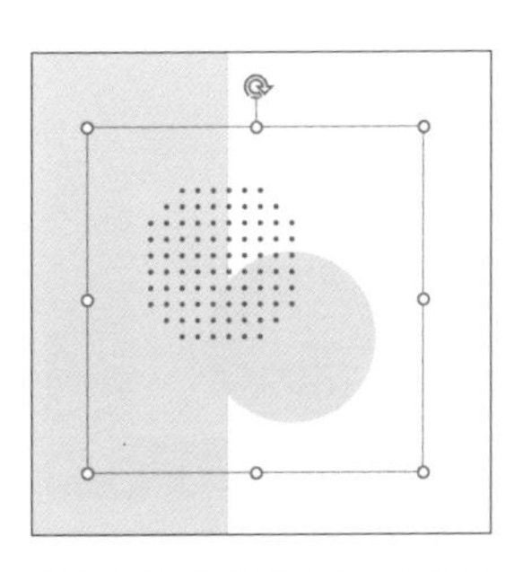

6 描画オブジェクトに変換すると、図形と同じように各部分の色を変更できるようになります。あしらいに合わせて、各部分をアクア、ピンク、ライトブルー■（#BCECE0）、ダークネイビー■（#4C5270）で塗り分けます。

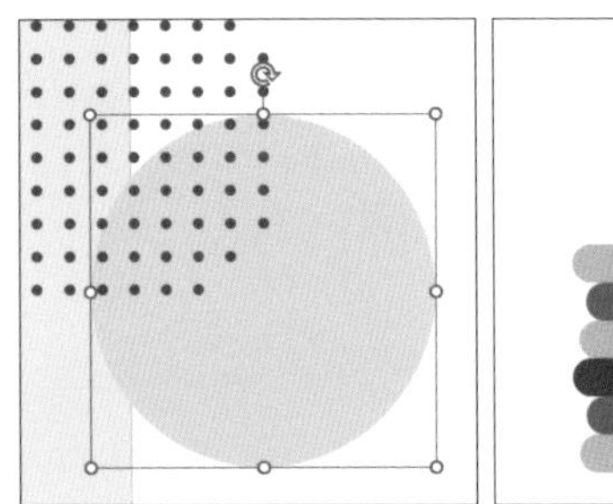

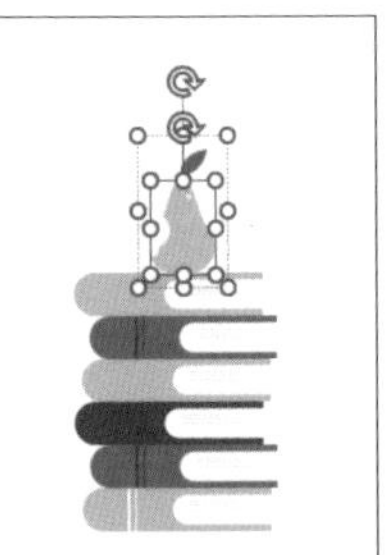

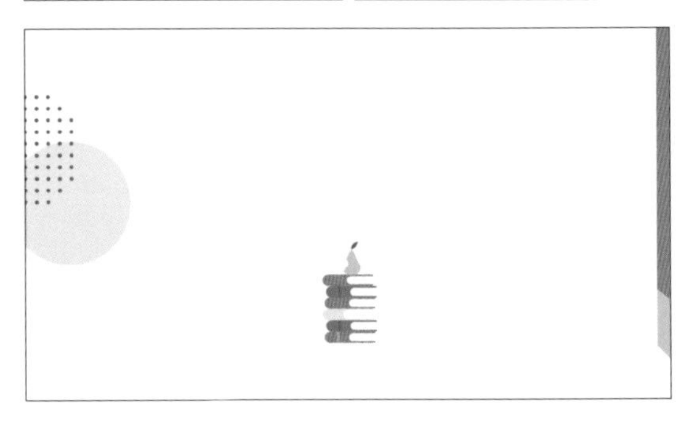

7 背景の色をライトグレー□（#F2F2F2）に変更して、ダークネイビーで文字を入力したら完成です。なお、アーチ状の文字はテキストボックスをクリックして、［図形の書式］タブ→［ワードアートのスタイル］→［文字の効果］→［変形］から「アーチ」を選んで作れます（→文字の変形方法はP.95参照）。

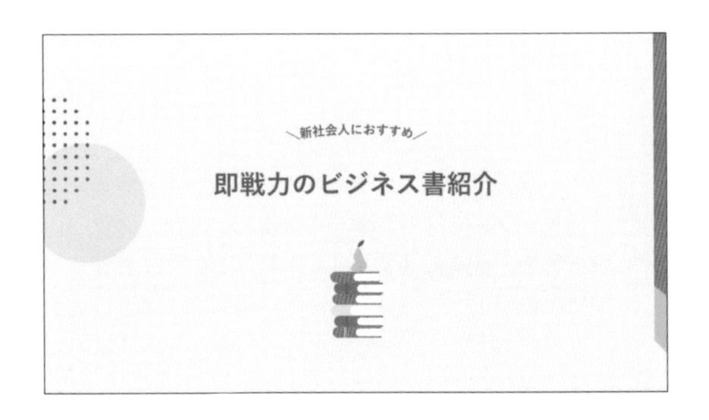

Other Variation

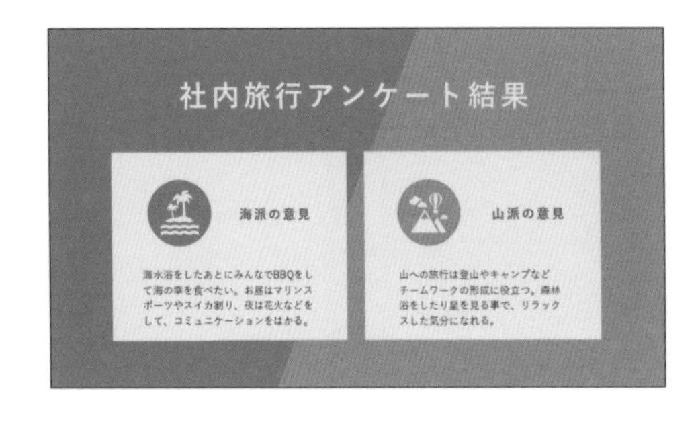

アイコンは図形と同様に、右クリック→［塗りつぶし］などで塗ることができます。こちらのスライドは背景を斜めに分割して、海と山をイメージしたブルーとグリーンで塗り、アイコンの下に敷いた正円のあしらいも背景と同じ色で塗って窓のような表現にしてみました。

作成編

Chapter

ひと手間加えて より上質に仕上げる

PowerPoint のポテンシャルを最大限に活用するため、ひと手間を加えて上質なスライドに仕立ててみましょう。ここでは、背景やフォントの質感を高めたり、光彩を加えたりする方法を学びます。
※ Chapter9 で解説するスライドは、スライドデザインのテンプレートサイト「Slidesgo」のテンプレートを使用して作成しています。

作成編

01 質感のある背景素材を使って温かみのあるスライドを作る

Chapter9

テンプレートなどを利用して、クラフト紙などの手触り感のある素材を背景に使用すれば、温かみのあるスライドに仕上がります。

フォント｜和文：BIZ UDP ゴシック　欧文：Century Gothic ／ Arial

配色　#000000　#3399CC　#FFE031

作成方法

1 背景素材を使いたい PowerPoint のテンプレートを「Slidesgo」（https://slidesgo.com）で探し、［PowerPoint］をクリックして PowerPoint ファイルをダウンロードします。ここでは「Food Day Campaign」というテンプレートを使用しています。

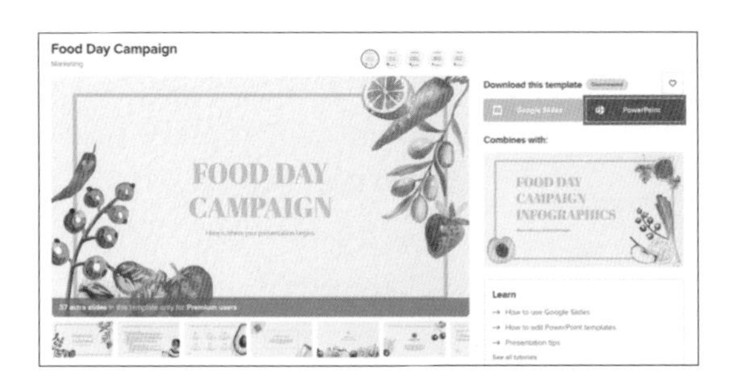

2 エクスプローラーの［表示］タブ→［表示／非表示］から［ファイル名拡張子］にチェックを付け、ダウンロードしたPowerPointファイルの拡張子を「zip」に変更して保存します。

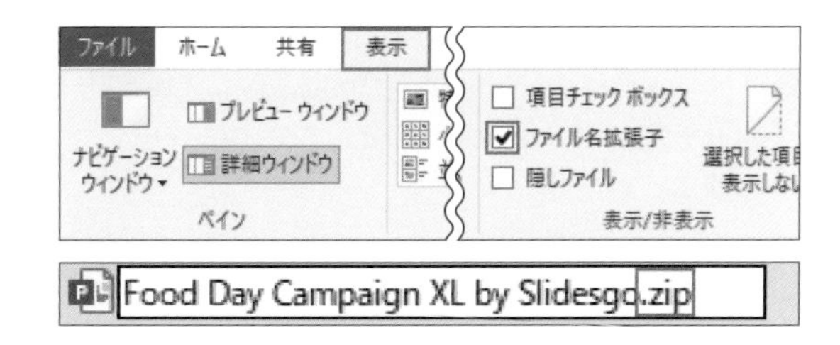

3 ZIPファイルをダブルクリックして開くと、［ppt］フォルダ→［media］フォルダの中に画像ファイルが格納されているので、背景素材（サンプルではクラフト紙の［image1］）を選択して Ctrl ＋ C キーを押し、コピーします。

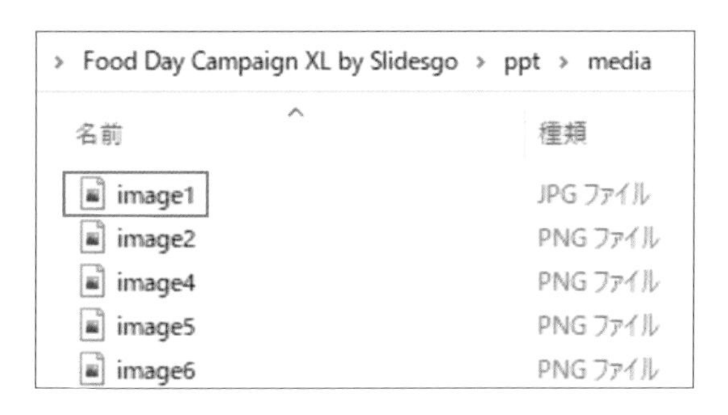

4 PowerPointで新しいスライドを開き、［デザイン］タブ→［ユーザー設定］→［スライドのサイズ］→［ユーザー設定のスライドのサイズ］を選択し、Slidesgoのテンプレートと同じスライドサイズになるように［幅］と［高さ］を調整して、［OK］をクリックします。（→テンプレートのスライドサイズ調整はP.50参照）

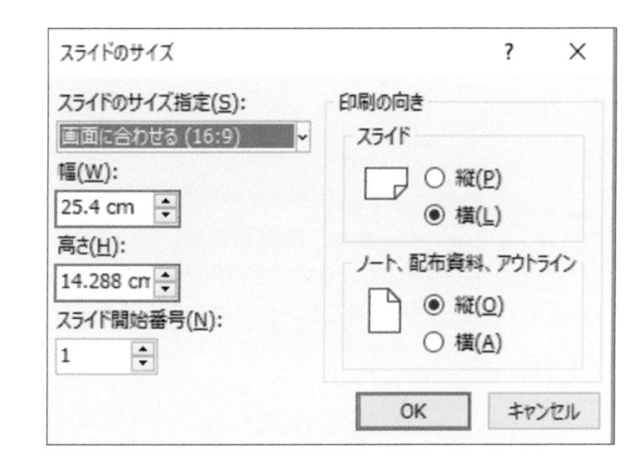

5 Ctrl ＋ V キーを押して、クラフト紙の背景素材をスライドに貼り付けます。

6 あしらい画像を使いたい PowerPoint のテンプレートを Slidesgo で探し、[PowerPoint] をクリックして PowerPoint ファイルをダウンロードします。

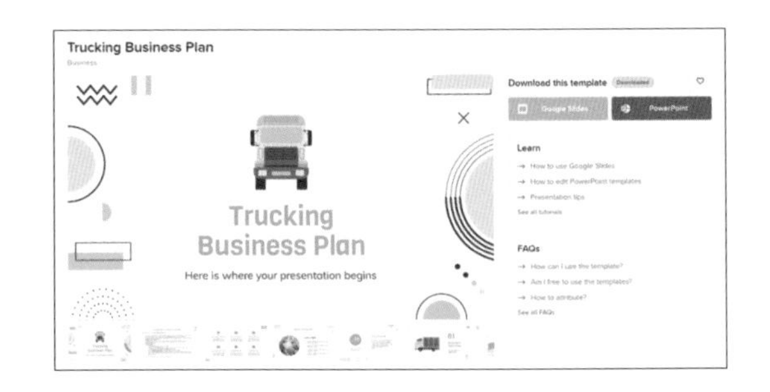

7 ダウンロードした PowerPoint ファイルを開いて、あしらいを使いたいスライドを選択し、[表示] タブ→ [マスター表示] → [スライドマスター] を選択します。

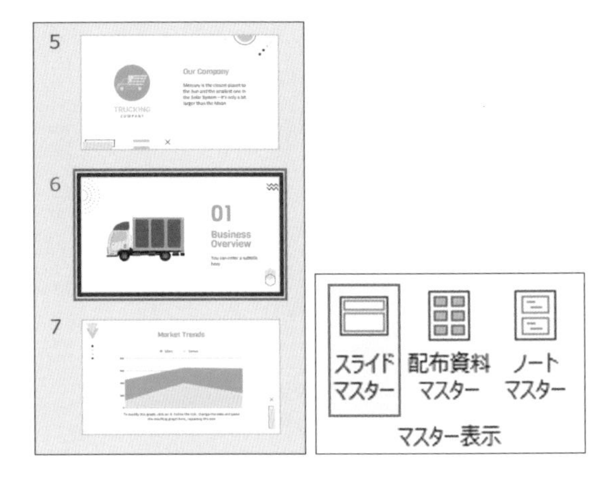

8 スライドマスターから、使用するあしらいを Shift キーを押しながらすべてクリックして選択し、Ctrl + C キーを押してコピーします。

9 **5** の PowerPoint ファイルのスライドを開き、Ctrl + V キーを押してあしらいを貼り付けます。

10 スカイブルー■（#3399CC）で四角形の囲みを作ります（→囲みの作成方法は P.32 参照）。囲みに合わせてあしらいの位置を微調整しておきます。

11 「Linustock」（https://www.linustock.com）から線画のイラストをダウンロードして、スライドの左側に配置します。スカイブルーとブラック■（#000000）の文字をバランスよく配置したら完成です。

Other Variation

野菜やフルーツなどのモチーフが水彩イラストで描かれたテンプレートで、にぎやかでワクワク感のある表紙を作りました。テンプレートを使用すれば、お洒落なスライドがかんたんに作れるので、デザインが苦手な人や時間のない人におすすめです。

Column サンプルで使用したテンプレート

スライドデザインのテンプレートを多数提供するサイト「Slidesgo」では、月 10 個までテンプレートを無料でダウンロードできます（2022 年 11 月時点）。背景やあしらいなどの素材で、ぜひ活用してみましょう。Chapter9-01 では以下のテンプレートを使用しました。
https://slidesgo.com/theme/food-day-campaign
https://slidesgo.com/theme/trucking-business-plan

背景素材として利用できる、そのほかのおすすめテンプレートを挙げておきます。
https://slidesgo.com/theme/simple-blackboard-background
https://slidesgo.com/theme/miss-lolis-class

作成編

02

Chapter9

ゴールドの文字で高級感のあるスライドにする

高級感のあるスライドを作りたいときにおすすめなのが、背景を黒ベースか大理石などの素材にして、文字をゴールドに塗る方法です。

フォント｜ 和文：メイリオ　欧文：Cormorant Garamond Medium
配色　#CFA667　#ECDBC2

作成方法

1 背景素材を使いたい PowerPoint のテンプレートを「Slidesgo」（https://slidesgo.com）で探し、[PowerPoint] をクリックして PowerPoint ファイルをダウンロードします。ここでは「New Year Goals」というテンプレートを使用しています。

2 スライドマスターを表示して、不要な要素を Shift キーを押しながらすべてクリックして選択し、Delete キーで削除します（→スライドマスターの操作方法は P.170 参照）。

3 ［ホーム］タブ→［スライド］→［新しいスライド（文字部分）］を選択し、**2** でカスタマイズしたスライドマスターを選択して、スライドを開きます。

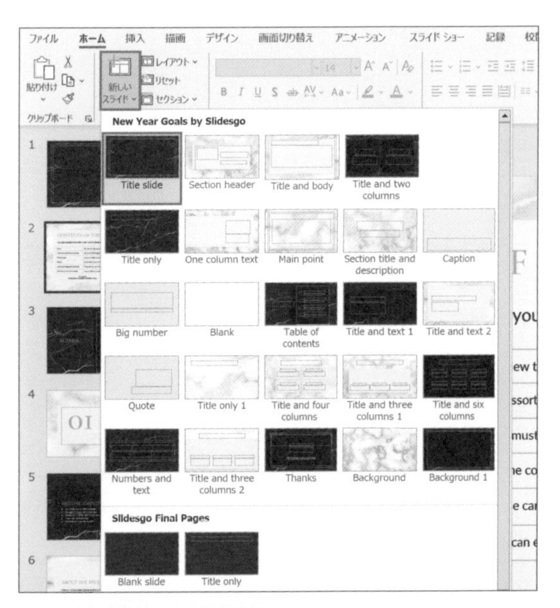

4 数字を入力し、[図形の書式設定] → [文字のオプション] → [文字の塗りつぶしと輪郭] → [文字の塗りつぶし (グラデーション)] を選択し、[グラデーションの分岐点] を「位置：0%／#B18138」「位置：45％／#E4C599」「位置：65％／#F9EABF」「位置：100％／#765625」に設定して塗ります (→グラデーションの設定方法は P.38 参照)。

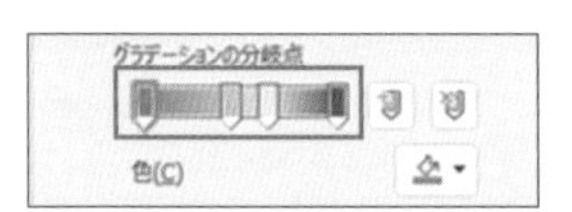

5 数字のまわりにバランスよくゴールド (#CFA667)・ (#ECDBC2) の文字を配置したら完成です。

Other Variation

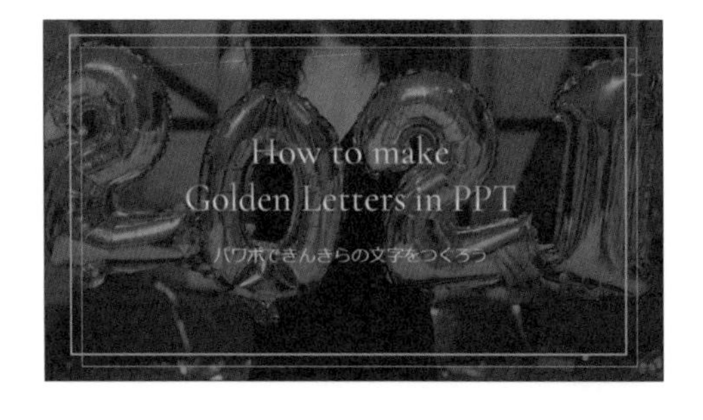

ゴールドの文字を写真の上に配置する場合は、サンプルのように写真のトーンを調整して、落ち着いた雰囲気を作りましょう。写真のトーンを調整する方法には、写真の上に半透明のブラックに塗ったマスクをのせるものや、[図の形式] タブ→ [調整] → [色] から変更するものなどがあります。

Column サンプルで使用したテンプレート

Chapter9-02 では Slidesgo から、以下のテンプレートを使用しました。
https://slidesgo.com/theme/new-year-goals

ゴールド系のそのほかのおすすめテンプレートを挙げておきます。
https://slidesgo.com/theme/darkle-slideshow
https://slidesgo.com/theme/art-deco-lesson

作成編

03

Chapter9

ネオン風の文字で屋外看板のようなスライドを作る

ダークトーンの背景にネオン風の文字を光らせて、あしらいや背景を調整すれば、レトロ感やテクノロジー感を出すことができます。

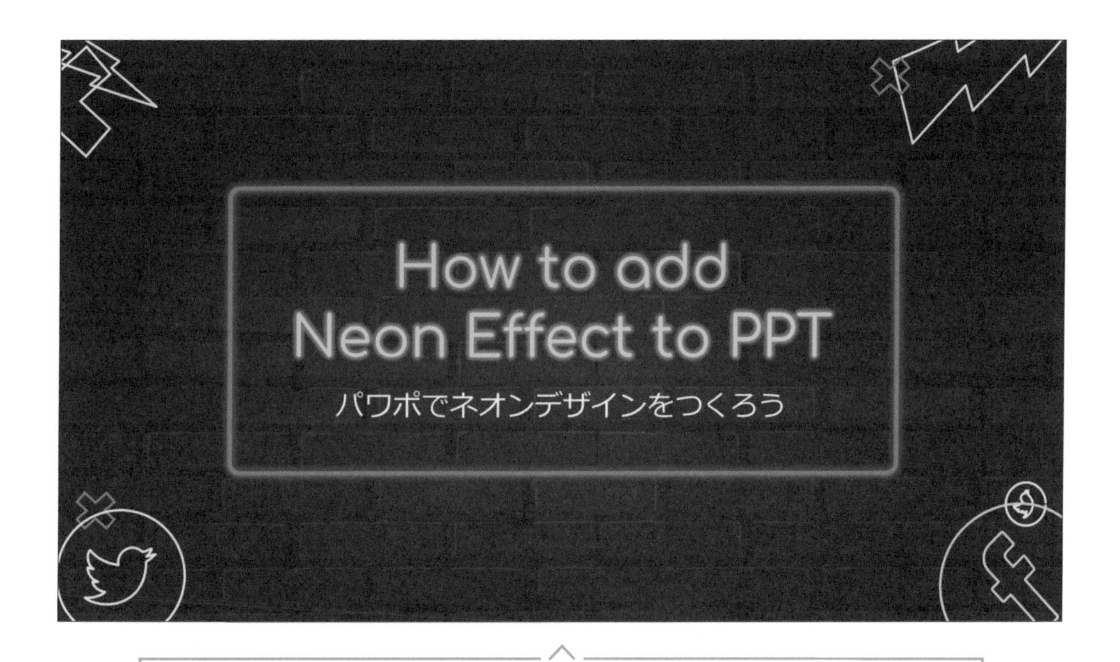

フォント｜ 和文：メイリオ　欧文：Comfortaa Regular
配色　#65FFFB　#FFFFFF　#FF4DD2

作成方法

1 背景素材を使いたいPowerPointのテンプレートを「Slidesgo」(https://slidesgo.com)で探し、[PowerPoint]をクリックしてPowerPointファイルをダウンロードします。ここでは「Phonix Social Media」というテンプレートを使用しています。

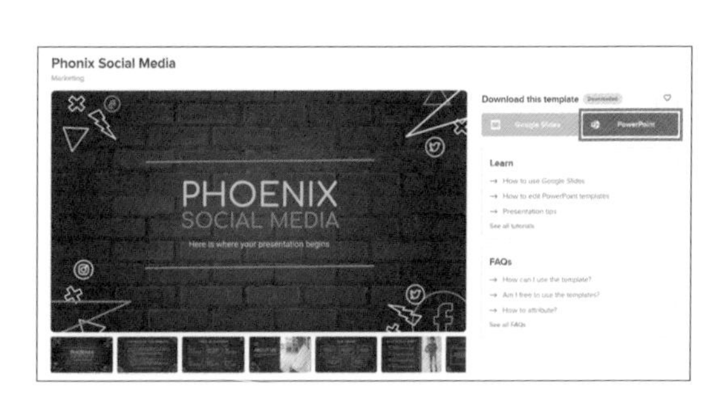

2 スライドマスターを表示して、不要な要素を Shift キーを押しながらすべてクリックして選択し、Delete キーで削除します（→スライドマスターの操作方法は P.170 参照）。

3 新しいスライドを開いて、角丸四角形 A（サンプルでは高さ 7cm × 幅 16.8cm）を作り、「塗りつぶしなし／線の幅：3pt／ネオンピンク■（#FF4DD2）」に設定します。背景はブラックにしておくと見やすいでしょう。

4 角丸四角形 A を右クリックし、［図形の書式設定］→［図形のオプション］→［効果］→［光彩］から「色：■（#FF0AF3）／サイズ：10pt／透明度：60%」に設定します。

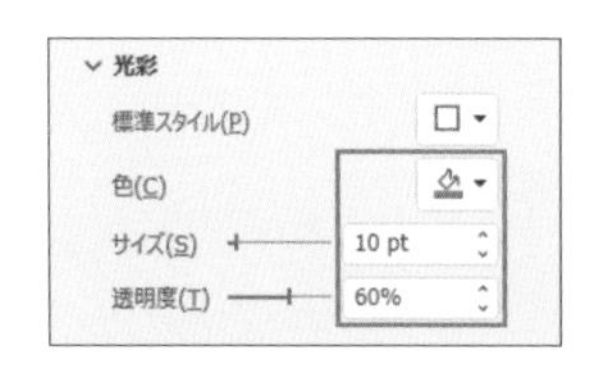

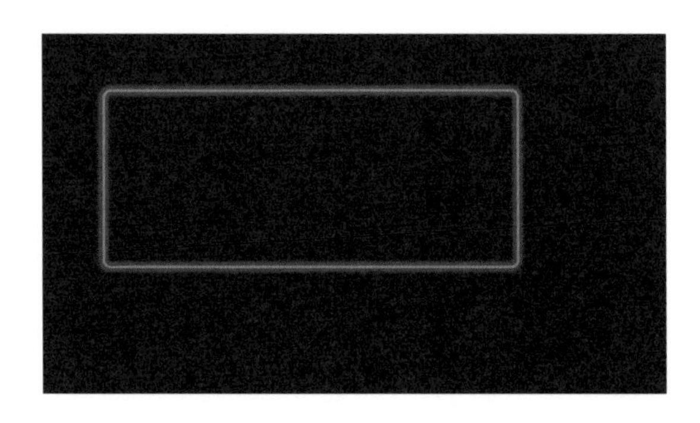

5 別のスライドを開いて、角丸四角形 B（サンプルでは高さ 7cm ×幅 16.8cm）を作り、「塗りつぶしなし／線の幅：10pt／ネオンピンク」に設定します。

6 角丸四角形 B を右クリックし、[図形の書式設定] → [図形のオプション] → [効果] → [ぼかし] から [サイズ] を「3pt」に設定します。角丸四角形 B を Ctrl + C キーでコピーします。

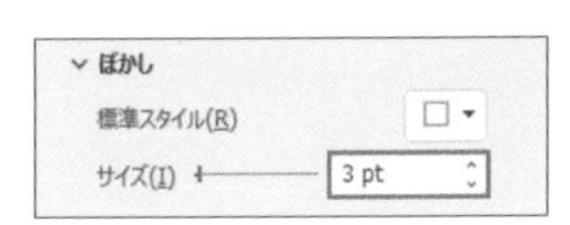

7 角丸四角形 A を作ったスライドを開き、Ctrl + V キーを押して、角丸四角形 B を重ねて配置します。

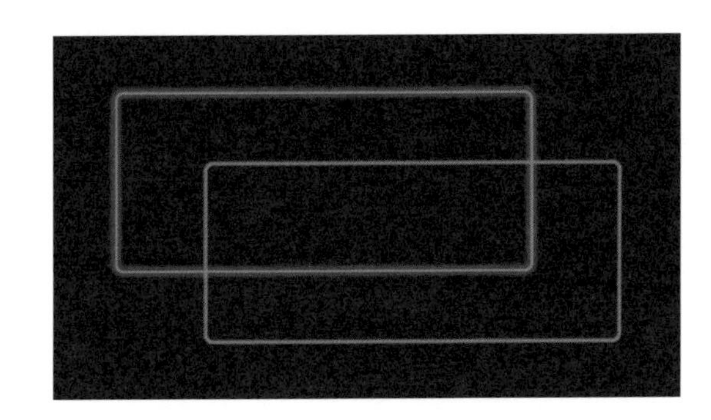

8 Ctrl + A キーで両方を選択し、[図形の書式] タブ→ [配置] → [配置] から、[左右中央揃え] → [上下中央揃え] の順にクリックして、ぴったり重ねます。Ctrl + G キーでグループ化したら、ネオンの囲みの完成です。

9 2 の背景スライドに、8 で作成したネオンの囲みを配置して、ネオンブルー■ (#65FFFB) で文字を配置します。

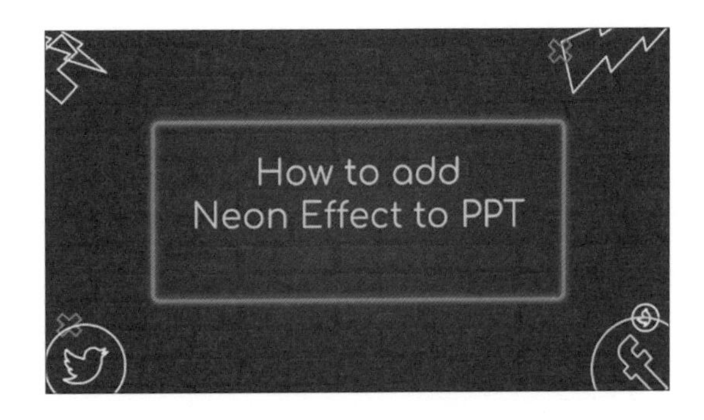

10 文字を右クリックし、[図形の書式設定] → [文字のオプション] → [効果] → [光彩] から「サイズ：8pt ／透明度：60%」に設定します。

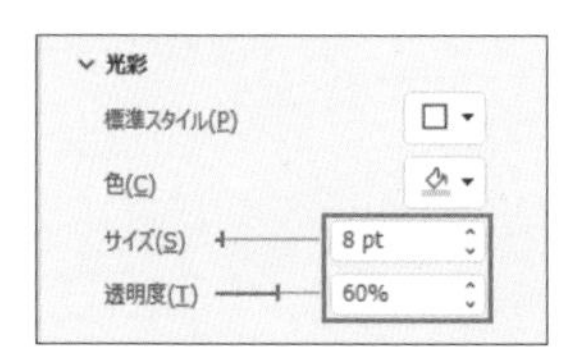

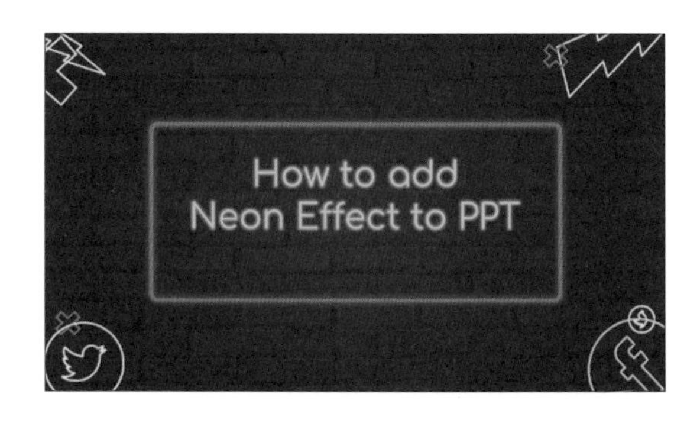

11 ホワイト□（#FFFFFF）で文字を配置したら完成です。

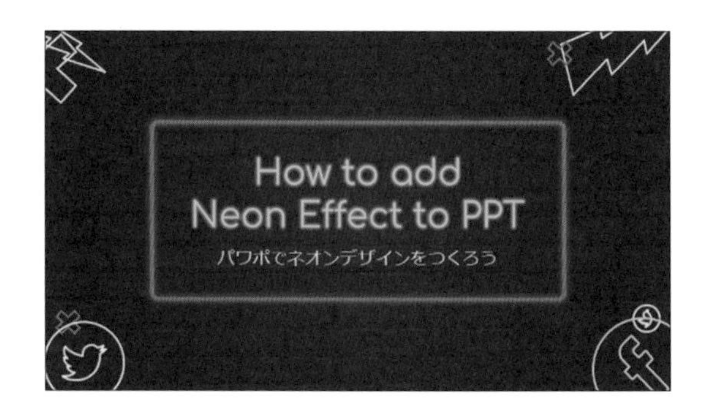

Other Variation

ネオン文字は派手なので、扱いづらい場合は文字とイラストの色数を絞るとデザインがまとまりやすくなります。この例ではネオン文字を薄暗い壁の背景にあしらい、隠れ家バーのような雰囲気のサムネイルを作りました。そのほかイベントのバナーやフライヤーなどとも相性のよいデザインです。

Column　サンプルで使用したテンプレート

Chapter9-03 では Slidesgo から、以下のテンプレートを使用しました。
https://slidesgo.com/theme/phonix-social-media

ネオンカラー系のそのほかのおすすめテンプレートを挙げておきます。
https://slidesgo.com/theme/innovo-ai-meeting
https://slidesgo.com/theme/neon-marketing-plan
https://slidesgo.com/theme/neon-cyber-monday

理論編

Chapter

伝わる・魅了するための構成のロジック

センスのあるPowerPointには、意味をわかりやすく伝える「機能」と、聴衆を魅了する「魅力」の両方が欠かせません。プレゼンのあるべき姿から逆算した「構成の仕方」を押さえましょう。

理論編

01

Chapter10

スライド構成の組み立て方

PowerPointを開いていきなり手を動かしても、よいスライドは作れません。まずゴールを設定し、プロセスを組み立てることが大切です。

人を動かすPowerPointの3ステップ

みなさんはプレゼンを作るときに何から取り掛かりますか？　パソコンを起動してすぐにPowerPointを開く人も少なくないことでしょう。しかしその前に、まずは紙とペンを用意してください。そして、考えてほしいのが、「プレゼンのゴール」が何なのか、ということです。

採用プレゼンであれば「たくさんの学生に興味を持ってもらい、新卒採用に応募してもらうこと」、営業プレゼンであれば「商品やサービスに興味を持ってもらい、購買意欲を促すこと」、研修プレゼンであれば「企業理念や方針を共有して、協力して働いてもらうこと」などの目的がありますよね。

このように、すべてのプレゼンに共通するゴールは、「人を動かすこと」です。はじめての土地で地図を持たずにドライブしても目的地にたどり着けないように、はじめて作るプレゼンではゴールを明確にしなければ結果は得られません。逆にゴールが明確になれば、最短距離で目的地まで行く方法を考えることができます。まずはプレゼンで「誰をどう動かすか」を具体的に考えて、紙に書き出しておきましょう。

ゴールが明確になったら、最短距離で目的地を目指します。忙しいビジネスパーソンは、PowerPointの制作にかけられる時間も限られていることでしょう。そのため、試行錯誤をくり返しながら、最小の努力で最大の結果を出せるようになる必要があります。

プレゼンの力だけで他人に行動を促すのは想像以上にハードルの高いことですが、次の3つのステップを意識して情報を整理することで、思いどおりの結果を出しやすくなります。

PowerPointの3ステップ

①ワクワクするビジョンで全体を貫く
②ミニマルなデザインでまとめる
③心に刺さるストーリーを構成する

「忙しくて準備に時間をかける暇がない……」「なんだか面倒そう……」と思う人もいるかもしれません。しかし、「木を切る前に斧を研がない人」と「斧を研いでから木を切る人」とでは、斧を研いでから木を切る人の方が早く多くの薪を得られるものです。同じように、PowerPointを開く前にしっかりと準備しておけば、PowerPoint制作の効果が高まります。

それでは、3ステップの具体的な中身をそれぞれ確認していきましょう。

STEP01 ワクワクするビジョンで全体を貫く

まず、人を動かすために大切なのが「ワクワクするビジョン」です。「ビジョン」は経営学者であるピーター・ドラッカーが提唱した概念で、企業の存在意義を示すために必要とされます（出典：ピーター・ドラッカー『Managing in the Next Society』Griffin、2002年）。自分たちの使命や目的を「ミッション」として定義し、ミッションを実現させた将来像を「ビジョン」の形に落とし込むことで、聴き手とイメージを共有し、価値観の似た人を惹き付けることができます。

明るく前向きな価値観でスライドの最初から最後まで貫けば、聴き手の信頼と共感を獲得できるだけでなく、プレゼンター自身が納得して「プレゼンのゴール」に向かうこともできます。聴き手とプレゼンターの両方がモチベーションを高めて同じゴールに向かうことで、プレゼンの成功率は大幅に高まります。

STEP02 ミニマルなデザインでまとめる

次は、大量の情報をわかりやすく伝えるために必要な「ミニマルなデザイン」です。情報は多ければよいというものではありません。文字数を減らして、フォント・カラー・イラスト・アイコンなどに統一感を持たせることで、スライドの世界観を作り、洗練された印象を与えることが大切です。また、図解やグラフを使用すれば、情報が圧縮されて、ひと目で内容を理解しやすくなります。

プロのクリエイターであれば、クライアントのイメージやリクエストに応じた「デザインシステム」を用います。しかし、ノンデザイナーが「デザインシステム」を1から作るのは大変なので、本書の「作成編」で、さまざまなデザインの作例と作り方をまとめました。こちらを参考に「デザインシステム」を考えてみましょう。また最近は、「Slidesgo」（https://slidesgo.com）など、多様な「スライドテンプレート」を無料でダウンロードできるWebサイトも増えていますので、そちらを活用するのもおすすめです。

STEP03 心に刺さるストーリーを構成する

最後に大切になるのは、プレゼンから受ける印象を大きく左右する、「心に刺さるストーリー構成」です。エモーショナルでポイントを押さえたスライド設計がなされてはじめて、聴衆の気持ちを惹き付け、盛り上げることができます。

最初は、後述する「10／20／30ルール」（→P.182参照）などを参考にして基本の構成を作り、プレゼンの内容や相手に合わせてカスタマイズしていきましょう。いろいろな組み合わせを試しながら、相手の知りたい情報が盛り込まれたストーリー構成に仕立てることで、わかりやすくて相手の心に刺さるプレゼンを目指しましょう。

10 ／ 20 ／ 30 ルール

「10 ／ 20 ／ 30 ルール」とは、Apple、Google、Canva などのエバンジェリストを歴任し、ベンチャーキャピタリストとしても知られている、ガイ・カワサキ氏が提唱しているものです（出典：ガイ・カワサキ『The Art of the Start』Tantor Media、2009 年）。彼はさまざまな起業家からのプレゼンを聞き続けるうちに、多くのプレゼンのレベルが低すぎることに嫌気がさしてこのルールを作ったそうです。

それは、「10 Slide」「20 minutes」「30 Point」でプレゼンを作るべき、というものです。それでは 1 つずつ確認していきましょう。

10 Slide スライドは 10 枚まで

1 回のミーティングでは、通常の人間は 10 個以上のコンセプトを理解できません。そのため、スライド枚数は 10 枚以内にするべきです。ピッチの目的は興味を刺激することであり、スタートアップのあらゆる側面を網羅したり、聴衆に同意を促したりすることではありません。2 回目のミーティングに持ち込むのに十分な興味を生み出すことが目標です。そして、このルールはベンチャーキャピタルからの資金調達だけでなく、営業やパートナーシップの締結など、あらゆるビジネスにおけるプレゼンに当てはまります。

20 minutes プレゼン時間は 20 分以内

10 枚のスライドを使ったプレゼンは 20 分以内にまとめるべきです。1 時間のプレゼン時間があったとしても、予期せぬトラブルに時間が奪われたり、遅れて参加する人や途中で退出する人がいたりするかもしれません。そのため、20 分でプレゼンを行い、残りの 40 分をディスカッションの時間にあてるのが理想的です。

イタリアのフランチェスコ・シリロ氏は、仕事や勉強のタスクを 25 分に分割し、5 分間の休憩をはさみながら、決められた時間でタスクを実施していく時間管理術「ポモドーロ・テクニック」を考案しました（出典：フランチェスコ・シリロ『The Pomodoro Technique』Lulu.com、2009 年）。また、精神科医の樺沢紫苑氏は、人間の集中力には「15·45·90 分の法則」があるといいます（出典：https://www.youtube.com/watch?v=7P4nutcbZSk）。この法則では、人が深い集中を持続させられるのは 15 分程度、子どもが集中力を保てるのは 45 分、大人が集中していられる限界が 90 分とされています。これらの理論からも、多くの人が深い集中を続けることができ、10 枚のスライドの内容を十分に説明できる、20 分以内のプレゼンに魂を込めるということは、理にかなっているといえます。

30 Point フォントは 30 ポイント以上

本文に小さいフォントが使われる理由として挙げられるのは、①プレゼンター自身がプレゼンの内容を十分に理解していない、②多くの文字を書けば説得力が増すと思っている、という 2 つです。しかし、デザイン的な効果を別とすると、基本的にこれらの狙いには意味がありません。

もし8ポイントのフォントを使う必要があるならば、プレゼンターが自分のプレゼン内容をしっかりと理解できていないということになります。30ポイント以上のフォントを使うことでスライド上の文字数が減り、重要ポイントに焦点が絞られます。そして、そのポイントをうまく説明しなければいけなくなります。フォントサイズは大きくし、文字数は少なくして、プレゼンターが細部までプレゼンの内容を把握できるようにしましょう。

「30ポイント以上」というくくりに抵抗がある人は、フォントを決めるアルゴリズムを使いましょう。それは「聴衆の中で一番高齢の方の年齢を2で割ったフォントを使う」というものです。たとえば16歳を相手にしたプレゼンでは8ポイントのフォントでも差し支えありませんが、60歳の聴衆がいる場合は30ポイントのフォントを使いましょう。

理想のスライド構成

スライド構成は、大きく「オープニング」「ボディ」「クロージング」の3つのパートに分けられます。オープニングパートは「表紙」「目次」「ビジョン」、クロージングパートは「目指す未来」「まとめ」などのスライドから構成されます。オープニングとクロージングはボディに至る導入と、まとめという内容がシンプルに表現できていれば、自分の好みの型で作って構いません。

メインコンテンツはボディパートで展開されますが、スライドの目的によってパターンが異なります。たとえば、企業スライドでよく使われる「採用スライド」「営業スライド」「研修スライド」の構成例には、以下のようなものがあります。

スライドの種類	構成例
採用スライド	汎用性の高いSDS型の構成がよく使われます。 ボディパートでは、事業概要（Summary）→実際の業務やロールモデル（Details）→応募方法（Summary）という流れで説明し、学生に入社後のイメージを湧かせて応募を促します。
営業スライド	DESC型の構成がよく使われます。 ボディパートで、背景（Describe）→問題点（Express）→提案（Suggest）→結論（Consequence）の流れで説明することで顧客のニーズを掘り起こし、自社のサービスや商品をアピールして成約につなげます。
研修スライド	PREP型の構成がよく使われます。 結論（Point）→理由（Reason）→具体例（Example）→結論（Point）という流れで説明すれば、論理的で説得力のある研修が行え、伝えたい内容を印象付けることができます。

「オープニング」「ボディ（SDS型）」「クロージング」を10枚のスライドで表現すると仮定した場合の、理想のスライド構成は以下のようになります。ただし、これはあくまで一例であり、ほかにもさまざまな構成パターンが考えられます。

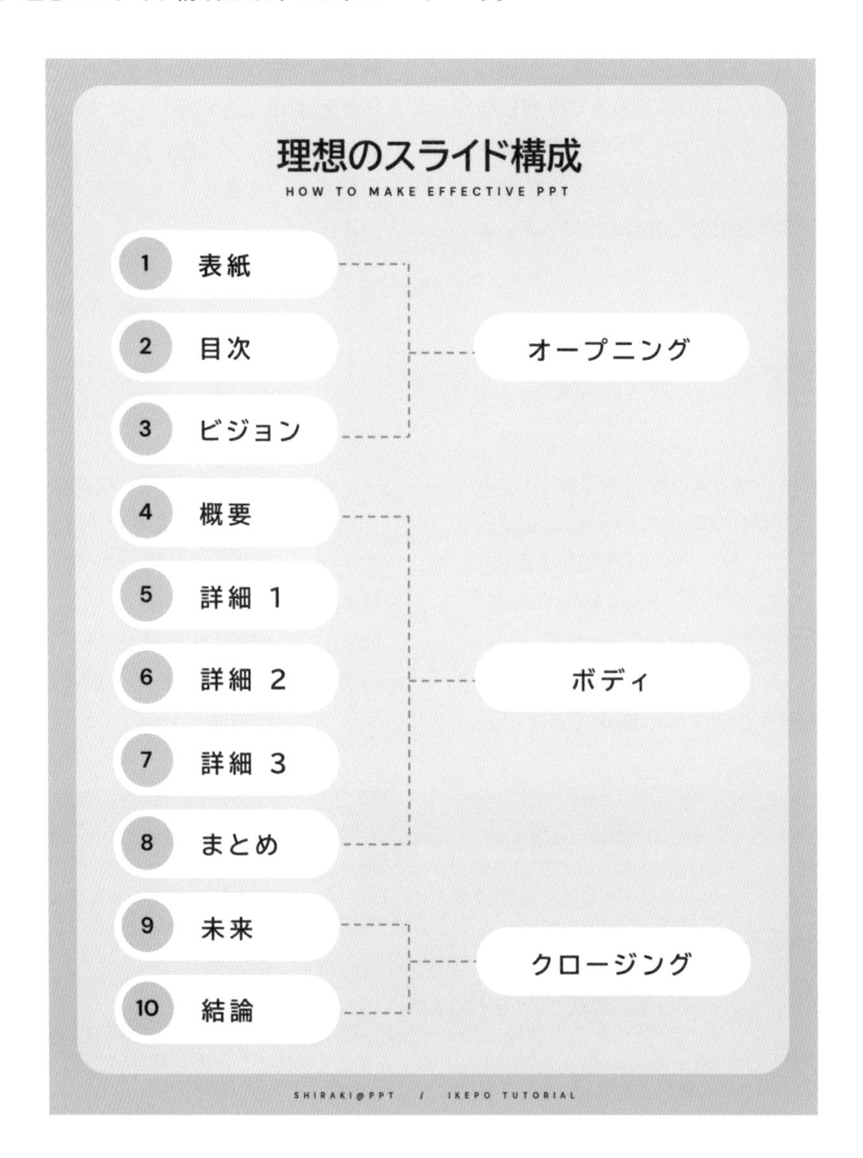

誰かを説得しようとするときには、短い言葉で相手の芯をとらえられるように、必死で考えるものでしょう。プレゼンの場合も同様です。「人に何かを伝えたい」「協力してほしい」「世の中を変えたい」などの強い目的を持って人に行動を促す場合には、伝わりやすいスライド構成を考えましょう。そうすることで、相手と自分の気持ちを合わせ、重要なポイントを伝えることができます。

理論編

02

Chapter10

刺さる PowerPoint の作り方

刺さるデザインを考えるうえで重要になるのが脳科学です。また、思い切って不要な情報を捨てる引き算の視点も欠かせません。

脳科学に基づくスライドデザイン

プレゼンしたことがある人は、相手の反応を思い出してみてください。「自分はよいと思って作ったプレゼンの内容が、人によってあまり伝わらないことがある」とか、「チーム内での反応はよかったものの、外部の人やお客様にプレゼンすると反応が薄い」とか、「相手によっては思った反応が得られない」といった経験はありませんか？

みんなに興味を持ってもらうプレゼンをするのは難しいと感じる人も多いと思います。しかし、脳科学の知識を使うことで、みんなに「刺さる」スライドをデザインすることも不可能ではありません。

ここで重要になるのは、人間は一人ひとり脳の使い方が異なるということです。たとえば右利きの人と左利きの人がいるように、脳にも「利き脳」というものがあります。この利き脳は遺伝的要素と後天的要素によって作られ、人々の思考特性となって現れます。

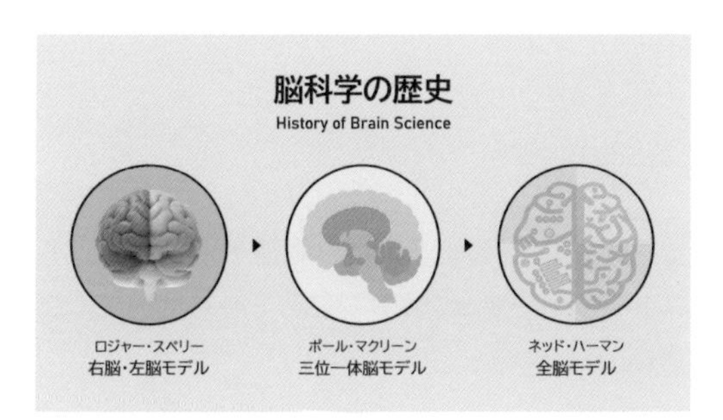

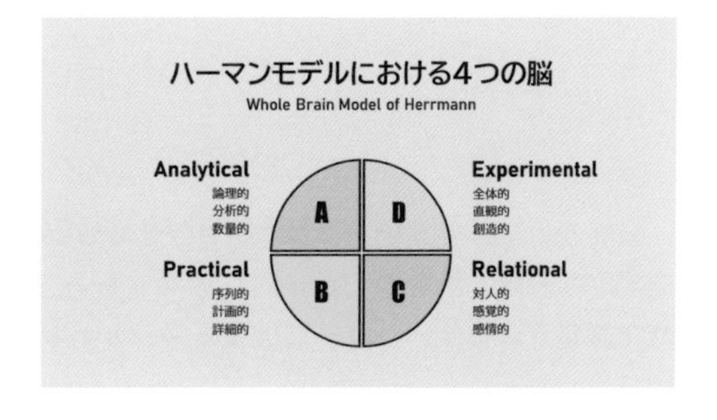

これは、脳科学が発展していく中で明らかになったことです。まず、ノーベル生理学・医学賞の受賞者でもある、カリフォルニア工科大学教授のロジャー・スペリーが、左右の脳機能の違いを示す「右脳・左脳モデル」を生み出しました。1960 年代には、アメリカ国立精神衛生研究所のポール・マクリーンが、脳は機能の異なる 3 層で構成されているという「三位一体脳モデル」を唱えています。そして、GE（ゼネラル・エレクトリック）社の人材開発部門にいたネッド・ハーマンが、これらの研究結果を組み合わせた「全脳モデル」（ハーマンモデル）を 1977 年に構築し、能力開発に役立てました。今では、マイクロソフトをはじめとする多くのグローバル企業でも能力開発に取り入れられています。

このモデルは、大脳新皮質側の左脳と右脳、辺縁系側の左脳と右脳の 4 つに分けて脳機能を分析したもので、この 4 つの部位から利き脳を考えます。それぞれの特徴を詳しく見ていきましょう。

Type A（青脳）

左脳の大脳新皮質側を使って思考するのを好む脳です。論理的・分析的・数量的な思考を好み、青で表現されます。この青脳に刺さるようにするには、無駄のないミニマルなスライドを作り、矛盾のない論理構成にすることが大切です。

スライドデザインのポイント

- 重要度の低い項目をそぎ落とすことで、ポイントを明確にする
- インフォグラフィックや図解を用いて、論理構成を正しく伝える
- 事実に基づくデータを数字で示すことで、プレゼン内容の信用度を高める

Type B（緑脳）

左脳の辺縁系側を使って思考するのを好む脳です。序列的・計画的・詳細的な思考を好み、緑で表現されます。この緑脳に刺さるようにするには、詳細な情報がわかるページや、誤字脱字のない正確なスライドを作ることが大切です。

スライドデザインのポイント

- ミスがなくルールに従った正確な表現で、信頼感や安心感を与える
- 細かい部分のあしらいや文字のずれがないように丁寧に作り込む
- 目次やタイムテーブルで、これからの予定を順序よく表現する

Type C（赤脳）

右脳の辺縁系側を使って思考するのを好む脳です。対人的・感覚的・感情的な思考を好み、赤で表現されます。この赤脳はエモーショナルな表現に弱いので、人物の表情や心を揺さぶるストーリーでキュンキュンにして心を掴んでください。

スライドデザインのポイント

- 表情豊かな人の写真素材を使うことで、スライドに注目してもらう
- 場面に合わせたナレーションや音楽を用いた雰囲気作りをする
- ストーリー仕立ての構成で、世界観のあるスライドを作る

Type D（黄脳）

右脳の大脳新皮質側を使って思考するのを好む脳です。全体的・直感的・創造的な思考を好み、黄色で表現されます。黄脳は、これまで見たことのないような表現や、ワクワクするビジョンを好むので、カラフルで遊び心のあるスライドで魅了しましょう。

スライドデザインのポイント

- エッジの効いた斬新なデザインで、聴衆をあっといわせる
- カラフルな色づかいのイラストやあしらいで、気持ちを盛り上げる
- アニメーションや切り替えなどの動きを使って注目を集める

実際には利き脳は1つではなく、2～3つの利き脳が組み合わさっていることが多いのですが、個人や組織の思考特性を知ることで「刺さるプレゼン」を作ることができます。

プレゼンする相手が1人または少数の同質のグループであれば、相手の利き脳を予想して好みのプレゼンスライドを作ることで、プレゼンの成功率を上げることができます。不特定多数の人にプレゼンする場合は、4つの脳すべてが好むポイントを意識してスライドを作ることで、自分の想いが相手に伝わりやすくなるでしょう。

あまり難しく考えすぎず、頭の片隅に入れておく程度でも構いません。「このプレゼンの聴き手はどういう伝え方が好みかな？」と考えながらスライドを作ってみてくださいね。

情報整理で大切な引き算

プレゼンクリエイターのお仕事で多いのが、「PowerPointのリデザイン」の依頼で、クライアントの担当者から「もっとシンプルでわかりやすいスライドにしたい」という要望をいただきます。

このようなセンスのよいPowerPointを作るには、「情報の整理」→「情報の整頓」→「デザイン」の順番で作業を進める必要があります。まず、PowerPointの中にある情報をすべて取り出して一覧できる状態にし、プレゼンのゴールから逆算した「伝えるべきポイント」を絞り込んで、不要な情報をすべて捨てます（情報の整理）。次に、残った情報を意味的・視覚的にわかりやすく並べ替えます（情報の整頓）。最後に、残ったスライドのデザインをブラッシュアップすることで、世界観のあるPowerPointを作ることができます（デザイン）。

しかし多くの担当者は、最初の「情報の整理」の部分、つまり伝えるべき情報を取捨選択して不要な情報を捨てる、という作業がうまくできません。その結果、必要以上の情報が盛り込まれた「メタボパワポ」と呼ばれるPowerPointが生まれてしまいます。こうしたメタボパワポはプレゼン界ではタブーとされていますが、残念ながら現実世界では、このメタボパワポを多く見かけます。

メタボパワポが量産される理由

日本企業では、「加点主義」でなく「減点主義」で人事評価がなされることがよくあります。このような評価のもとでは、「情報を取捨選択した見やすいスライドを作って結果を出す」ことよりも、「情報を雪だるま式に増やして失点を防ぐ」ことにインセンティブが働きがちです。

また、日本の学校教育ではまだまだプレゼンする機会が少なく、学生時代にプレゼン用スライドを作って発表する経験もあまりないまま、社会人になる人が多いものです。こうした事情が、メタボパワポが生まれる原因として挙げられるでしょう。プレゼンのゴールがわからないので不安になり、あれもこれも情報を詰め込んだ結果、自分でも何を伝えたいのかわからないPowerPointができて、さらに苦手意識が増す……このような悪循環に陥っている人も少なくありません。

今まで経験のないことに取り組むのは勇気がいりますが、苦手意識を断ち切るためにも、まわりの評価を気にしすぎず、自分自身の考えや信念に基づいてPowerPointに向き合いましょう。情報を減らしてプレゼンがうまくいかなければ改善すればよいだけなので、トライ＆エラーをくり返しながら、自分らしいPowerPointを完成させてほしいと思います。

まずはプレゼンのあるべき姿を確認する

それでは、ノートと黒いペンを用意して、実際にPowerPointの情報を整理していきましょう。まず、メタボパワポを見ながら、「S1、S2……」とスライド番号を振り、そこにタイトルや内容がわかる短いメモを記載してリストを作り、PowerPointの全体像を把握します。ここで大事なのは、スライド全体の項目が一覧できるように、1枚の紙にすべての情報を収めることです。

全部書き出せたら、これから作りたいプレゼンのあるべき姿を、「ゴール」「時間」「枚数」に分けて確認します。

「ゴール」は、「プレゼンをした結果、誰にどう動いてほしいのか」という目的です。最短距離で目的地にたどり着くために、PowerPointを開く前にプレゼンのゴールを具体的に考えて、紙に書き出しておきましょう。

「時間」は、プレゼンの発表時間です。あらかじめ決められている場合もありますが、プレゼンターが自由に決められる場合は、自分で何分間のプレゼンをするのか考えておく必要があります。P.182で解説した10／20／30ルールでは、「スライドは10枚以内、時間は20分以内、文字サイズは30ポイント以上」とされます。世界的なプレゼンアーカイブであるTEDでも、20分以内のプレゼンが中心です。プレゼンの内容や場面によっても異なりますが、一般的に20分程度のプレゼンが基準とされる場面が多いものです。

そして「枚数」は、制作するべきスライドの枚数です。通常、1枚のスライドについて1〜3分程度で話すと聞きやすくなるといわれています。これもスライドの文字数やプレゼンターが話すスピード等、さまざまな要因によって変わります。たとえば1枚のスライドを2分で説明する計算であれば、20分のプレゼンを10枚のスライドで説明しよう、という風に逆算できます。

プレゼンのあるべき姿（＝ゴール×時間×枚数）をイメージしたら、自然にプレゼン構成の目安が決まります。P.183で解説した「理想のスライド構成」を参考にしてもらっても構いません。

ここまでできたら、PowerPointの全体像を書き出したノートに戻り、現状の構成とプレゼンのあるべき構成がどの程度乖離しているかを確認します。

スライド枚数の絞り込み

「情報の整理」とは、不要な情報を捨てることを意味します。ここでやるべきことは「スライド枚数の絞り込み」「1スライド1メッセージ」「文字数の絞り込み」です。

まずは「現状の構成」と「あるべき構成」を比較して、現状のパワポ枚数があるべき姿より大幅に多い場合は、本当に必要なスライド以外はすべて捨てる必要があります。人間には、モノや情報を捨てる際に本能的に恐怖を感じる性質がありますが、自分で決めた「あるべき構成」を信じてスライド枚数を絞り込んでください。

スライドが多すぎてどれを捨てるべきか判断しづらい場合は、複数の類似したスライドを丸で囲んでグルーピングしてから、内容が重複したスライドや重要度の低いスライドグループを削除すると、作業しやすくなります。

逆に「あるべき構成」で必要なスライドが「現状の構成」に含まれていない場合は、赤ペンで必要なスライドタイトルを追加して、バランスのよい構成にすることも必要です。

ノートの上で取捨選択すべきスライドを決めたら、パソコンで現状のPowerPointを開いて不要なスライドを削除していきます。なお、誤って削除しすぎても問題ないように、念のため現状のPowerPointのコピーをパソコンに保存しておきましょう。取捨選択の際に追加するスライドがあれば、白紙のスライドを追加してタイトルを記入しておいてください。

1スライド1メッセージ

パソコン上でスライドの枚数を絞り込んだら、次は各スライドが「1スライド1メッセージ」になっていることを確認しましょう。1枚のスライドに複数のメッセージが含まれていると、ポイントがぼやけて、説明するときに相手に伝わりづらくなるからです。複数のメッセージを伝えたい場合は、スライドを分けて制作するのがおすすめです。

文字数の絞り込み

最後に、メッセージを伝える際の文字数を絞り込みます。資料であればフォントが小さく、時間をかけて読むことができるため、長文での説明で構いません。しかし、PowerPointの場合は投影しても見やすいようにフォントを大きくする必要があり、プレゼン時間の制約もあります。PowerPointの文章は、一瞬で理解できるような短くてわかりやすい簡潔なものにしましょう。

くり返しになりますが、お洒落な洋服を買っても体形がいまいちだと似合わないように、センスのよいパワポデザインや構成を作る前に、不要な情報を捨ててメタボパワポから脱却する必要があります。まずは、プレゼンのあるべき姿を考えて、情報の整理をすることから始めましょう。

用語索引 >

数字・アルファベット

五十音

あ～お

か～こ

さ～せ

●制作スタッフ

[装丁] 西垂水敦（krran）
[本文デザイン] 坂本伸二（WAKUWAKU DESIGN）
[編集] 冨増寛和（理感堂）
[DTP] クニメディア株式会社

[編集長] 後藤憲司
[担当編集] 熊谷千春

[著者プロフィール]

白木久弥子（しらきくみこ）

早稲田大学卒業後、公認会計士・税理士として有限責任監査法人トーマツ、EY新日本有限責任監査法人で国際監査業務に携わる。地元高知県の企業（近森産業／食品製造）を二次創業。2020年から「日本中のプレゼンをセンス良くしたい」というコンセプトのもとでパワポ情報の発信を始め、プレゼンクリエイターとしても活動。2022年シンガポールにデザイン経営の会社「BLOCKDESIGN」を設立し、Twitterのフォロワー数は70,000人を超える。

Twitter：@kumiko_shiraki
Note：https://note.com/kumiko_shiraki

誰でも作れる センスのいいパワポ

PowerPointデザインテクニック

2023年2月1日　初版第1刷発行
2023年9月6日　初版第3刷発行

[著者] 白木久弥子
[発行人] 山口康夫
[発行] 株式会社エムディエヌコーポレーション
〒101-0051　東京都千代田区神田神保町一丁目105番地
https://books.MdN.co.jp/
[発売] 株式会社インプレス
〒101-0051　東京都千代田区神田神保町一丁目105番地
[印刷・製本] 中央精版印刷株式会社

Printed in Japan

【カスタマーセンター】
造本には万全を期しておりますが、万一、落丁・乱丁などがございましたら、送料小社負担にてお取り替えいたします。
お手数ですが、カスタマーセンターまでご返送ください。

落丁・乱丁本などのご返送先
〒101-0051　東京都千代田区神田神保町一丁目105番地
株式会社エムディエヌコーポレーション カスタマーセンター
TEL：03-4334-2915

書店・販売店のご注文受付
株式会社インプレス　受注センター
TEL：048-449-8040 ／ FAX：048-449-8041

内容に関するお問い合わせ先

株式会社エムディエヌコーポレーション カスタマーセンター メール窓口

info@MdN.co.jp

本書の内容に関するご質問は、Eメールのみの受付となります。メールの件名は「誰でも作れる センスのいいパワポ　質問係」、本文にはお使いのマシン環境（OSの種類・バージョン、PowerPointのバージョンなど）をお書き添えください。電話やFAX、郵便でのご質問にはお答えできません。ご質問の内容によりましては、しばらくお時間をいただく場合がございます。また、本書の範囲を超えるご質問に関しましてはお答えいたしかねますので、あらかじめご了承ください。

ISBN978-4-295-20417-6　C3055